科学奥妙无穷 ▶

濒危动物的哀鸣

于川 编著

北方妇女儿童出版社

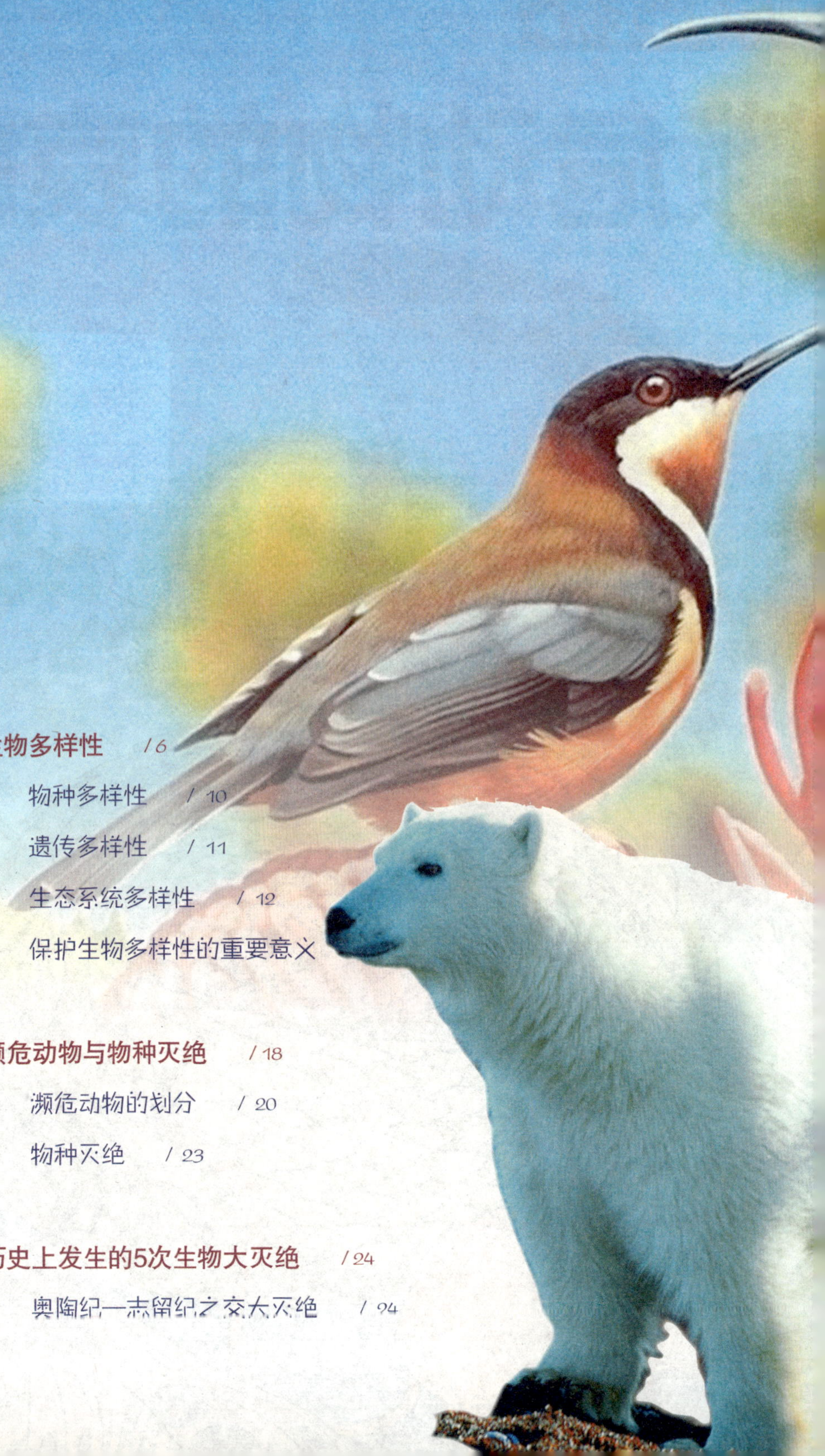

目 录

目录

生物多样性

地球上生命的历史就是一部不断产生与消亡的历史，从30亿年前出现最原始的简单微生物开始，大自然就已经创造出了无数的生命形式，然而其中的大部分都已经灭绝了。它们被那些更适应环境变化的物种淘汰，大多数时候，这个过程都是在无声无息中逐渐发生的。

根据《生物多样性公约》的定义，生物多样性是指所有来源的活的生物体中的变异性，这些来源包括陆地、海洋和其他水生生态系统及其所构成的生态综合体；这包括物种内、物种之间和生态系统的多样性。生物多样性是生物及其与环境形成的生态复合体以及与此相关的各种生态过程的总和，由遗传（基因）多样性，物种多样性和生态系统多样性三个层次组成。

生物多样性是近年来国内外最为流行的一个词汇。由于自然资源的合理利用和生态环境的保护是人类实现可持续发展的基础，因此生物多样性的研究和保护已经成为世界各国普遍重视的一个问题。现在无论是联合国还是世界各国政府每年都投入大量的人力和资金开展生物多样性的研究与保护工作，一些非政府组织也积极支持和参与全球性的生物多样性的保护工作。据可靠的数据表明每天有100多种生物在地球上灭绝，很多生物在没有被人类认识以前就消亡了，这对人类无疑是一种悲哀和灾难。保护生物多样性的行动势在必行、迫在眉睫。

> "生物多样性" 概念溯源

生物多样性这一概念是由美国野生生物学家和保育学家雷蒙德 1968 年在其通俗读物《一个不同类型的国度》一书中首先使用的，是 biology（生物）和 diversity（多样性）的组合，即 biological diversity。此后十多年，这个词组并没有得到广泛的认可和传播，直到 20 世纪 80 年代，biodiversity（生物多样性）一词由罗森在 1985 年第一次使用，并于 1986 年第一次出现在公开出版物上，由此"生物多样性"才开始在科学和环境领域得到广泛传播和使用。

物种多样性 〉

物种多样性是生物多样性的核心。物种是生物分类的基本单位。物种多样性是指地球上动物、植物、微生物等生物种类的丰富程度。物种多样性包括两个方面，其一是指一定区域内的物种丰富程度，可称为区域物种多样性；其二是指生态学方面的物种分布的均匀程度，可称为生态多样性或群落物种多样性。物种多样性是衡量一定地区生物资源丰富程度的一个客观指标。我们目前已经知道大约有200万种生物，这些形形色色的生物物种就构成了物种多样性的基础。

遗传多样性 〉

　　遗传多样性是生物多样性的重要组成部分。广义的遗传多样性是指地球上生物所携带的各种遗传信息的总和。这些遗传信息储存在生物个体的基因之中。因此，遗传多样性也就是生物的遗传基因的多样性。任何一个物种或一个生物个体都保存着大量的遗传基因，一个物种所包含的基因越丰富，它对环境的适应能力越强。基因的多样性是生命进化和物种分化的基础。

生态系统多样性 〉

　　生态系统是各种生物与其周围环境所构成的自然综合体。所有的物种都是生态系统的组成部分。在生态系统之中，不仅各个物种之间相互依赖，彼此制约，而且生物与其周围的各种环境因子也是相互作用的。生态系统的多样性主要是指地球上生态系统组成、功能的多样性以及各种生态过程的多样性，包括生境的多样性、生物群落和生态过程的多样化等多个方面。

保护生物多样性的重要意义 〉

生物多样性是人类社会赖以生存和发展的基础。我们的衣、食、住、行及物质文化生活的许多方面都与生物多样性的维持密切相关。

（1）首先，生物多样性为我们提供了食物、纤维、木材、药材和多种工业原料。我们的食物全部来源于自然界，维持生物多样性，我们的食物品种才会不断丰富。

（2）生物多样性还在保持土壤肥力、保证水质以及调节气候等方面发挥了重要作用。我们都知道黄河流域是中华民族的摇篮，在几千年前，那里曾是一片富饶的土地，树木林立，百花芬芳，各

种野生动物四处出没。但由于长期的战争及人类过度的开发利用，这里一度成为生物多样性十分贫乏的地区，沙漠化现象十分严重，稍遇刮风天气就会飞沙走石。近年来在大家的重视和努力下，黄河流域生物多样性得到了一定程度的恢复，沙漠化进程得到抑制，森林覆盖率逐年上升，环境得到改善和优化。

（3）生物多样性对于大气层成分、地球表面温度、地表沉积层氧化还原电位以及PH值等方面的调控发挥着重要作用。例如，现在地球大气层中的氧气含量为21%，供给我们自由呼吸，这主要归功于植物的光合作用。在地球早期，大气中氧气的含量要低很多。据科学家估算，假如断绝了植物的光合作用，那么大气层中的氧气，将会由于氧化反应在数千年内消耗殆尽，那么人类的命运可想而知。

（4）生物多样性的维持，有益于一些珍稀濒危物种的保存。我们都知道，任何一个物种一旦灭绝，便永远不可能再生。那些处于灭绝边缘的濒危物种，一旦消失了，就是人类永远的损失和遗憾。保护生物多样性，特别是保护濒危物种，对于人类后代、对科学事业的发展都具有重大的战略意义。

> **国际生物多样性日**

　　生物多样性是地球上生命经过几十亿年发展进化的结果，是人类赖以生存的物质基础。为了保护全球的生物多样性，1992 年在巴西当时的首都里约热内卢召开的联合国环境与发展大会上，153 个国家和地区签署了《保护生物多样性公约》。1994 年 12 月，联合国大会通过决议，将每年的 12 月 29 日定为"国际生物多样性日"，以提高人们对保护生物多样性重要性的认识。2001 年 5 月，根据第 55 届联合国大会第 201 号决议，国际生物多样性日改为每年 5 月 22 日。

● 濒危动物与物种灭绝

濒危动物是指所有由于物种自身的原因或受到人类活动或自然灾害的影响，而有灭绝危险的野生动物物种。从广义上讲，濒危动物泛指珍贵、濒危或稀有的野生动物。从野生动物管理学角度讲，濒危动物是指《濒危野生动植物种国际贸易公约》附录所列动物，以及国家和地方重点保护的野生动物。

濒危动物的划分 ＞

濒危动物具有绝对性和相对性。绝对性是指濒危动物在相当长的一个时期内野生种群数量较少，存在灭绝的危险。相对性是指某些濒危动物野生种群的绝对数量并不太少，但相对于同一类别的其他动物物种来说却很少；或者某些濒危动物虽然在局部地区的野生种群数量很多，但在整个分布区内的野生种群数量却很少。在一些国家或地区视为濒危物种的野生动物，在另外一些国家或地区可能并不视为濒危动物。一些种类的濒危动物在得到了有效保护、其野生种群数量明显上升、不再有灭绝危险时，也可以退出濒危动物的行列。

濒危动物等级的划分，有两种方法：

- 两级法

这是我国国家重点保护动物划分的标准，它是根据物种的科学价值、经济价值、资源数量、濒危程度以及是否为中国所特有等多项因素综合评价、论证而制定的。

Ⅰ级：指中国特产稀有或濒于灭绝的野生动物。

Ⅱ级：指数量稀少，分布地区狭窄，有灭绝危险的野生动物。

- 分类标准

无危：无危（Least Concerned, LC），虽然存在威胁但是目前并不严重。英文直译为低关注，并不是指该物种受到的关注

少，而是威胁不严重，不用过分关注的意思。例如：台湾蓝鹊、狼。

近危：近危（Near Threatened，NT），当一分类单元未达到极危、濒危或者易危标准，但是在未来一段时间后，接近符合或可能符合受威胁等级，例如：小头睡鲨、兔狲。

易危：易危（Vulnerable，VU），在中期内可能有比较高的灭绝威胁。例如：环尾狐猴、大白鲨、北极熊。

濒危：濒危（Endangered，EN），其野生种群在不久的将来面临灭绝的几率很

21

高。例如：蓝鲸、熊猫。

极危：极危（Critically Endangered, CR），野生种群面临即将灭绝的概率非常高。例如：麋鹿、台湾鲑鱼。

灭绝（Extinct, EX）：如果有理由怀疑一分类单元的最后一个个体已经死亡，即认为该分类单元已经灭绝。例如：袋狼、渡渡鸟、台湾云豹。

野外灭绝：野外灭绝（Extinct in the Wild, EW），只生活在栽培、圈养条件下或者只作为自然化种群（或种群）生活在远离其过去的栖息地时，即认为该分类单元属于野外灭绝。例如：单峰骆驼、台湾梅花鹿。

物种灭绝 >

　　早在18世纪末，博物学家们开始一致同意，在地球的历史上，物种灭绝曾经多次出现。灭绝的走兽，特别是那些一度在地球上四处游荡的恐龙和其他庞大的野兽。它们遗留的化石使人们目瞪口呆。达尔文在南美洲发掘出几个"灭绝怪物"的化石。他在《物种起源》中写道："我想恐怕再也没有人比我对物种灭绝更加惊奇了。"也有科学家认为，物种灭绝是生命进程的一部分。

23

● 历史上发生的五次生物大灭绝

奥陶纪—志留纪之交大灭绝 〉

时间：4.39亿年前

原因：全球气候变化

后果：约有100个科的生物灭绝

这一时期大多数生物的机体是软体组织，形成化石的概率很小，只有那些具有壳或硬组织的动物才留下了比较多的线索，因而我们无法弄清楚当时到底发生了什么以及都有哪些物种受到了影响。据科学家估计，大约有100个科的生物灭绝了，在属种级别上灭绝率更高，如腕足类属的灭绝率为60%，种的灭绝率可达85%。三叶虫类在这次灭绝中元气大伤，此后再也无法恢复前期的繁荣。此次灭绝事件对低纬度热带地区生物的影响较大，而对高纬度地区和深水区生物的影

24

响相对较小, 是地球历史上第三大物种灭绝事件。

最新的研究表明, 是气候突变导致了此次灭绝事件。研究证实, 灭绝事件经历了两幕: 在距今4.46亿年, 发生了第一幕生物大灭绝, 原因是气候突然变冷, 大片的冰川使洋流和大气环流变冷, 整个地球的温度下降, 冰川锁住了水, 当时的南极冰盖迅速扩大, 海平面下降达150米之多, 导致海洋生物的生存空间骤然减少, 笔石、三叶虫等海洋动物从此大伤元气; 部分逃过一劫的生物接下来又遭遇了第二幕的大灭绝——气候突然变暖, 海平面迅速上升, 使生物再次遭到灭顶之灾。

晚泥盆纪弗拉斯期—法门期之交大灭绝 〉

时间：3.67亿年前

原因：气候变冷，浅水中含氧量下降

后果：70%物种消失，海洋中无脊椎动物损失惨重

虽说科学家可以确定在晚泥盆纪弗拉斯期—法门期之交发生了大灭绝，但究竟持续多长时间却并不清楚，可能持续了50万年，也可能是150万年。而且我们也不清楚到底是发生了一次大灭绝还是几次连续出现的稍小的灭绝，专家对当时几个重要事实也还没有达成共识。

经过这次灭绝，70%的物种消失了。海洋中的物种比淡水中的物种受到的影响更大，珊瑚、腕足动物、菊石、海百合等许多无脊椎动物损失惨重。而在陆地

上，正在不断衍生出新种的植物。对于这次灭绝的起因我们知之甚少，从暖水海洋中物种不成比例的消失来看，全球变冷可能是一个重要的因素，同时还有迹象显示当时比较浅的水域里氧气含量也下降了。

二叠纪—三叠纪之交大灭绝 〉

时间：2.5亿年前

原因：气候变化或是天体撞击

后果：物种数减少90%以上

到了二叠纪，地球上一派欣欣向荣景象，海百合、菊石、珊瑚和鱼类在海洋中异常活跃，两栖动物以及爬行动物进一步深入内陆活动，这段相对稳定的时期持续了大概1亿年。到了二叠纪末期，大约在2.45亿年前，地球历史上最大的

一次集群灭绝事件发生了。

据统计，这次灭绝事件导致生物科数减少了52%，物种数减少了90%以上，受影响最大的是海洋生物，特别是底栖生物和窄盐性生物。超过3/4的脊椎动物消失了，蜥蜴类、两栖类、兽孔目爬行类也急剧衰落。

对于2.5亿年前二叠纪末期的这一次史上规模最大、影响最深远的生物灭绝事件，长期以来，科学家们都在寻找导致其发生的原因，也纷纷对此次事件提出了多种解释：海平面波动、海洋中盐度变化、火山活动、气候变化等。卢安·贝克教授认为，这次大灭绝很有可能是由来自天外的星体碰撞引发的。

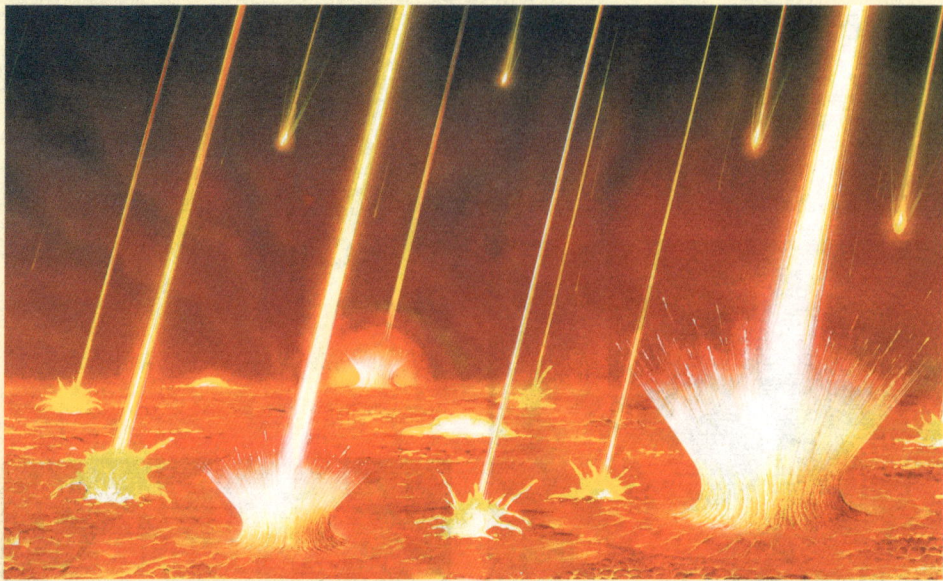

三叠纪—侏罗纪之交大灭绝 ＞

时间: 2.08亿年前

原因: 起因不详

后果: 灭绝程度相对较小, 恐龙崛起

不少科学家认为, 这次灭绝的程度相对来说比较小。一些研究显示, 这次灾难造成了60个科的海洋生物灭绝, 科的灭绝率大约是1/4。还有研究认为, 在三叠纪末期至少有两次灭绝时期, 相隔1200~1700万年。但不论是单一的大灭绝还是几个连续稍小的灭绝, 在这一时期里, 牙形石类全部灭绝, 菊石、海绵动物、头足类动物、腕足动物、昆虫及陆生脊椎动物中的多个门类, 都走到了进化的终点。

虽然这次大灭绝的损失相对较小, 但它却腾出了许多"生态位", 为很多新物种的产生提供了有利条件, 恐龙就是从此开始了它们统治大地的征程。

关于此次灭绝事件的起因很不清楚, 按照惯例, 很多人又将其归根于气候变化, 特别是降雨的增加。

白垩纪—第三纪之交大灭绝 〉

时间：6500万年前
原因：小行星或彗星坠落地球
后果：恐龙时代在此终结

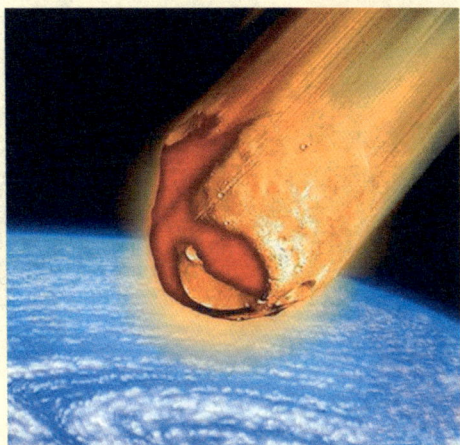

此次灭绝是地球历史上第二大的集群灭绝事件，而恐龙时代在此终结更使它成为最广为人知的大灭绝。据统计，在白垩纪末，生物圈有2868个属，到了第三纪初就只剩下1502个属，灭绝率达52%，种的灭绝率达85%，受影响最大的是陆地上的恐龙和海洋生物界的浮游生物，也包括一些海洋底栖生物类别。其灭绝率为：淡水生物达97%、海洋浮游微生物为58%、海洋底栖生物为51%、海洋游泳生物为30%。除恐龙灭绝之外，曾在前4次大灭绝中都得以幸存的菊石最终还是灭绝了。而由于某种原因，某些物种却基本没有受到影响，鳄鱼、海龟、蜥蜴、哺乳动物以及鸟类都顺利度过这场危难。恐龙及其同类的消失为哺乳动物及人类的登场提供了契机。

也许是因为这次灭绝具有极大的吸引力，科学家对它的研究也最为透彻。专家分别从火山喷发、气候变化、环境污染和宇宙射线角度进行了分析，而目前国外科学界普遍接受的一种解释是，这次大灭绝是一颗巨大的小行星或彗星坠落到地球上引起地球生态系统剧烈变化的直接结果。然而2001年，一个由美国和意大利科学家组成的研究小组发现，恐龙和许多其他物种是在大量撞击事件之后短时间内迅速灭绝，并不是由于大量的火山爆发所造成的，因为后者的持续时间超过了50万年。

BIN WEI DONG WU DE AI MING

第六次物种灭绝正在进行？ ＞

为什么人类要花那么大精力来研究灭绝问题呢？除了科学家打破沙锅问到底的习惯外，更主要的原因是希望能通过研究历史来预测未来。有生就有死，每一个物种都要经历一个起源、进化、灭绝的过程，但物种大量同时灭绝就令人费解了，特别是如果物种在不该灭绝的时候灭绝，当然有理由引起人们的高度重视。

这些年来科学家们提出了一个敏感却不得不面对的话题——我们可能正在经历第6次大灭绝。虽然比起前几次大灭绝，现在的情况还没有那么严重，但或许这只是个时间问题。

科学家们在对占地球表面面积20%的全球6个生物物种最丰富的地区进行了为期两年的研究后认为：由于全球气候变暖，在未来50年中，地球陆地上1/4的动物和植物将遭到灭顶之灾。由于温室效应在短期内难以逆转，在将要灭绝的物种中，1/10物种的灭绝将是不可逆转的。根据一份1995年的报告，20世纪物种的灭绝速度是化石记录显示的平均灭绝速度的100到

1000倍。

现在正在进行之中的第六次物种大灭绝，人类成为罪魁祸首。自从人类出现以后，特别是工业革命以来，地球人口不断增加，需要的生活资料越来越多，人类的活动范围越来越大，对自然的干扰越来越多。如此这般，大批的森林、草原、河流消失了，取而代之的是公路、农田、水库……生物的自然栖息地被人类活动的痕迹割裂得支离破碎。

现有的物种在不断走向衰亡，新的物种却很难产生。根据化石记录，每次物种大灭绝之后，取而代之的是一些全新的高级类群。恐龙灭绝之后，哺乳动物迅速繁衍就是一个典型例子。生物总是在不断进化之中，我们现在看到的这些生物都是经过漫长年代进化而来的。所以，新物种的产生需要很长时间和大量空间，但是在人类行为的干预下，自然环境越来越差，生物失去了自然进化的环境和条

件，物种在不断地自然死亡，却很难有新的物种产生。以虎为例，如果给它足够的生存空间，让它自由地捕猎，它可能还会进化，产生一种类似虎的新物种，但是现在活动的空间有限，它要生存下来都很难更不用说进化了。地球表层是由动物、植物、微生物等所有有生命的物种和它们赖以生存的环境组成的一个巨大的生物圈，人类也是其中一员。大量生物在第六次物种大灭绝中消失，却很难像前5次那样产生新的物种，地球生态系统远比想象的脆弱，当它损害到一定程度时，就会导致人类赖以生存的体系崩溃。

● 物种濒灭的原因

1.物种灭绝与种间竞争

当竞争发生在两个种或两个同时利用同一种资源的种群时，两者中一方个体数目的增加会导致另一方适合度的降低。在较小的岛屿，一个新的物种的侵入有可能导致当地种的灭绝。这是因为较小的岛屿面积减少了当地种寻找其避难所的机遇，而在较大面积的岛屿和大陆可能找到避难所。竞争可能使一个物种的地理分布范围和密度减少。只有在特殊情况下，如较小的岛屿、重大的地质事件以及人类干扰，才有可能使一个物种或种群走向灭绝。竞争往往要伴随其他因素才会导致物种的灭绝。倘若说一条绳索将一个物种拉向灭绝，那么，竞争则是这条绳索中的一束线。因此竞争只是导致物种灭绝的因素之一。

2.物种灭绝与捕食者猎物动态的关系

捕食者种群跟随猎物种群的变化而变化，但落后于猎物种群。当受到外界条件影响后，可能导致一个种群灭绝，或两个种群同时灭绝。捕食者大爆发往往使猎物遭遇厄运。例如松毛虫的大爆发使针叶林受到严重危害；原分布于美国东北沿海的松鸡的灭绝和苍鹰的大爆发有直接关系。不同的草食者采食植物的不同部位，有些是食叶性的，有些是食果性的，有些则是食幼苗性，或食种子性的。大量草食者的存在能够在短期内使一个

物种的个体数量迅速减少。只有在特殊情况下，如受新侵入或新引进的食草动物、昆虫、病害的流行以及恶劣气候等方面的影响下，这种动态平衡才会被破坏。在草食者和特定植物种之间长期以来所建立的动态平衡被打破之后，系统中某些物种有可能会变得十分脆弱，在接踵而来的各种外界干扰下，不能有效地应变而有可能灭绝。除自身的直接作用外，捕食者也间接地影响着其他物种的竞争。例如水獭的出现可以彻底消灭海胆，而海胆则以多年生的海藻为食。在没有水獭时，海胆的数量增多，这时一年生的

海藻占绝对优势；相反当水獭普遍出现时，海胆几乎消失，多年生的海藻占绝对优势，最终一年生的海藻彻底消失。捕食者和猎物种群的大小经常发生波动，同时环境也不断地发生变化，一些偶然性因素会使两者之间的平衡失调，此时捕

食者或猎物种群便可能出现低于维持正常生存所需的个体数目的现象。这样，由于个体数目极为稀少而且不能有效地适应变化的环境，该物种则随时存在着灭绝的可能。

3.物种灭绝与病菌及病害的流行

从适合度意义上讲，有毒病菌的适应性很差，这是因为有毒病菌使寄主致死或严重衰弱的同时，也不可避免地导致了自身的灭亡。病菌常常是导致物种灭绝的一个重要因素。在这方面，病菌和捕食者具有共同的特点，即病菌的生存往往建立在寄主或被食者生存活力的基础之上。在这种情况下，病菌的致病能力减弱，这是在长期的协同进化过程中逐渐形成的。在这一过程中，被寄生物种对病菌逐渐产生了抗性，同时病原体的毒性也逐渐降低。由此推论，病害的广泛流行应该是相当罕见的。只有在长期存在的生态平衡被打破的情况下，该区域才有

可能发生广泛的病害流行。导致病害流行的一个因素是接触传染。种群成员的频繁接触为高毒性感染病菌的存活创造了必要的条件。现代城市居民最容易遭受严重的病菌流行的感染，而史前人类由于分别生活在较小的被隔离的区域，则很少发生病菌的广泛传播。显然，如果一个物种的不同种群分别生存在相对隔离的地区，则可避免病菌的严重感染，避免因病菌的广泛流行所导致的灭绝。许多物种的镶嵌分布式样也许是生物在漫长的进化过程中逐渐发展起来的适应策略。

4.物种灭绝中的第一冲击效应

松鸡原本广泛分布于美国东北部沿

海地区，从缅因州一直到弗吉尼亚州。19世纪这一地区的工业迅速兴起，人口急剧膨胀，松鸡遭到大量捕杀。由于捕杀过度，该种很快从原分布的绝大部分地区消失。1870年，松鸡仅生存于马萨诸塞州的一个小岛上。到了1908年，该小岛上的松鸡只剩下50只。1908年建立了1600英亩的保护区后，这50只松鸡才得以保存下来。到1915年，该岛上的松鸡已自然增殖到2000只。然而，1916年以后，该岛上接踵而来地发生了导致松鸡灭绝的一系列事件。首先是森林火灾，然后是松鸡的捕食者——苍鹰的大爆发，再是百年罕见的低温冻害天气，加上由于种群数目的减少和性比例失调所引起的近交，以及来自家养火鸡的病菌传播流行。这些连续性事件致使松鸡到1927年锐减到11只雄鸡和2只雌鸡，到1928年底仅剩1只，该只松鸡于1932年3月11日死亡，从而宣告松鸡从地球上灭绝。松鸡的灭绝过程可分为两个阶段。第一阶段：对松鸡的生存从未有过的强烈冲击，即人类大量无度地捕杀。该阶段使松鸡的地理分布范围迅速缩减；第二阶段则始于1916年，即一系列接踵而来的生物学和物理学事件使该种最终走向灭绝。倘若没有第一阶段突

如其来的强烈冲击使之仅生存于一个小岛上，第二阶段中任何一个事件的发生都不可能有如此巨大的效果。无论是火灾、苍鹰捕猎、低温冻害天气，还是近交和病害流行，只会使其中的一个地方种群消失，但要使该种彻底消失是不可能的。由此可见，第一阶段对松鸡突如其来的强烈冲击，即人类的过度捕杀是造成松鸡最终灭绝的首要因素，这就是第一

冲击效应。如果没有第一次远远超过其适应能力的突如其来的强烈冲击，一个已建立起完善的适应体系的物种很难迅速灭绝。由此看来当一个强烈的冲击使一个物种的地理分布或其他适应体系支离破碎时，该物种就很容易在一系列偶发事件中走向灭绝。

5.物种灭绝与缓慢的地质变化

使生物生存条件变更的缓慢地质变化主要指地球板块的移动、海域消失以及由此而产生的大陆生态地理条件的缓

慢变化。地壳整个布局的改变破坏了原来的生存条件，同时又创造了新的生存环境。如二叠纪和三叠纪交界时期，超级大陆——联合古陆的形成使大量生存在大陆架上的海洋生物灭绝，同时又为陆地生物的进化创造了必要条件。也正是在这一缓慢的地质变化中，裸子植物逐渐取代了蕨类植物，成为植被中的优势成分。

6.物种灭绝和气候变迁

气候的变迁改变了生物在纬度和经度上的分布范围。气候的变迁还往往造成大量物种灭绝。根据化石记录，晚白垩纪全球气候的干旱化使38%的海生生物

属彻底灭绝，陆地动物遭受灭绝的规模更大；第三纪始新世末期，由于气温迅速变冷，许多在古新世后期和始新世占优势的植物类群灭绝；第四纪冰川的影响又使大量的植物类群销声匿迹。分布在岛屿的物种在气候发生变迁的情况下更容易灭绝。大陆上尽管具有广阔的空间，然而物种对其分布范围的调整并不如我

们所想象的那样轻而易举。上述地质时期大量生物类群的灭绝就是例证。对于一个长期适应于某一特定气候的物种或分类群，其适应性以及适应性的调节范围总是有限度的。高纬度地区冬季的寒冷和短光照使得长期生存在热带地区的植物种类难以适应。每一个物种或分类群都有其固定的生活节律（生物钟），它的调节幅度是很有限度的。气候的变化或变迁超过了某一物种或分类群的调节限度，就可能导致该物种或分类群不可避免地走向灭绝。

7.物种灭绝和海退现象中的生物区系危机

海平面的下降常常关系到多次生物区系的危机时期。海退明显地使大陆架生物类群生存空间的减少，导致种群数目的急剧减少，最终使大量物种灭绝。如二叠纪后期地球历史上最严重的生物区系危机可能是由于巨大的海退所致。尽管海退在减少海洋性生物生存空间的同时，又扩展了陆地生物的生存空间，海退所导致的全球性气候变化仍使陆地生态

系统不可避免地遭受到严重破坏并导致大量物种灭绝。当大陆普遍被浅海覆盖时，全球气候相对一致，呈现温暖和湿润的气候。海退则破坏了这种温和的海洋性气候，产生了从海域到内陆气候的差异，并且普遍出现干旱和气温的急剧变冷，大陆性气候的季节变化显著增强。尤其值得提出的是气温的急剧变冷常常是生物区系发生严重危机的前兆。

8.火山爆发和造山运动所引发的生物大灭绝

火山爆发直接导致大量生物灭绝。短时期内大量的火山爆发时，其效应与小行星与地球相撞所产生的气候效应相似，大量的火山灰冲入大气层，加强了地

球对光的反射能力，使辐射到地球表面的太阳光迅速减少，导致地球表面的气温急剧下降。几次生物区系的危机均发生在火山爆发和造山运动时期。如奥陶

纪后期、泥盆纪后期和白垩纪后期所发生的3次生物大灭绝事件均伴随着火山爆发和造山运动，大多数火山爆发的持续时间和生物大灭绝时期相吻合。火山爆发对环境造成的压力最终导致地球局部生态系统的毁灭。

9.来自太阳系的灾变事件和地球生物的大灭绝

近年来，古生物学中一个有争论的问题是关于是否有一个体积巨大的小行星和地球相碰撞，从而导致了晚白垩纪生物界的大灭绝。据推测这颗小行星的体积大约是火星体积的一半，来自于火星和木星之间的行星带。碰撞后所带来的灾变性反应导致了地球生态系统的巨大破坏，在全球范围中呈不连续分布的麦斯特里希特时期之末的沉积岩中，

人们发现矿物质具有被冲击的特征。另外，一种小球体也在碳含量较高的同一地层中被发现。这些小球体被认为是由于撞击引起巨大火焰所产生的碳粒。除含有异常铱元素之外，其他地质化学方面的异常现象也被认为是来自地球之外的。这种碰撞对地球气候的影响力是巨大的。小行星在大气中燃烧以及和地球的相撞会产生大量的岩石碎片并弥散在大气中，至少要持续一个星期。这种尘埃云会阻碍所有的太阳光线射入地面，由于光线强度极低、光合作用不能进行，因此在几个月之内地球表面温度迅速下降，并一直维持在0°C以下。除此之外，大气中会出现氰化物、氮氧化物等有毒气体，并可能导致全球性酸雨以及臭氧层的破坏等。这种气候的大骤变势必对生物圈产生重大的影响，而全球性气温急剧变冷往往就是生物大灭绝即将来临的征兆。

10.来自外星系的灾变事件可能引发地球生物大灭绝

长期以来，人们就一直猜测生物的大灭绝可能是由临近太阳系的星球或超新星的爆炸触发而产生的，其爆炸所产生的高能级辐射对地球生命是致命性的

因素。此外，高辐射流使地球大气上层的气温急剧上升，产生强度对流作用，使大气低层的水蒸气上升到大气高层，并在大气高层结冰，从而在大气高层形成全球性的冰冻云层。这一冰冻云层使地球对太阳光线的反射力迅速增强，导致地球表面温度极度下降。太阳系在银河系中相对位置的变化周期也可能触发地球生物的大灭绝。太阳系围绕银河系的平面做上下周期性运动，运动周期为3300万年。当太阳系离开银河系平面的中心位置进入两极时，地球就会暴露在高能级辐射流中，有可能导致整个地球的气候骤变。另有一种假说是，围绕在太阳系

周围的欧奥特星云由于引力干扰,使太阳系遭受彗星雨的袭击。这一慧星雨在太阳系内就很有可能和地球相碰撞。天文力学研究表明,当太阳系运行轨道穿过银河系平面中的高密度区域或通过银河系的旋转背时,往往会产生引力干扰,前者周期为3300万年,后者周期则为5000万年。根据到目前为止所统计的资料,地球上生物的灭绝周期为2600千万年。看来两种引力干扰的周期和地球生物的灭绝同期不尽一致。尽管如此,这些假说仍不失为探索地球生物灭绝原因的一条线索。

11.人类活动对生物区系的巨大冲击

人类活动对生命界进化的冲击,首先表现在对地球生态系统的巨大改变。

一些大型动物由于被人类的大批杀戮而绝种,更多的动植物种类主要由于人类改变环境而灭绝。地球表面40米的区域被人类作农业、城市、公路和水库之用,那些天然的动植物区系被农作物、混凝土建筑和其他人工产品替代。尚未灭绝的物种也面临着人类活动所引起的巨大的环境挑战。如巴西的圣保罗地区,从公元1500年至1845年间仅有2%的森林被毁,然而自1907年以来,90%的森林已被毁灭殆尽。至20世纪80年代初,全球41%的热带雨林已经消失。照此下去,热带森林将在25年到50年内消失,大量的热带生物种类在生物系统学家还未来得及鉴定归类之前就已消失。由此可见,森林的破坏程度和人口的稠密程度的相关是不言而喻的。但同时更和人类获取自然资源的方式以及人类对自然认识的观念密切相关。人类除了自身活动直接造成生物种类的灭绝之外,其间接影响也是巨大的。人工引种以及以人工

造林代替天然森林常常改变某一区域的植物群落结构，从而打破了该区域各个生物类群，包括动物、植物和微生物长期以来所建立的平衡。此外，人工生态系统仅仅由单一或少数几个物种组成，如农作物种植、人工造林使得遗传多样性和变异性降低，因此是一种潜在的危险状况。在人工生态系统中，一种新的寄生病菌或掠食者可能使一个物种完全毁灭。例如1970年，美国的玉米就受到一种地方性蠕虫病的侵害。人类活动也是许多植物和动物病害流行的直接或间接原因。现代工业所排出的废气使大气中的二氧化碳含量迅速增高，导致全球性的大气温室效应。气温的升高往往使陆地沙漠化扩大，生态系统失调，自然环境恶化，从而使一些物种失去了原有的生存条件而灭绝。目前动植物的进化速度不可能跟上人类改变地球面貌的步伐。地球历史上的大灭绝都经历了几百万年甚至几千万年的地质时期，而人类对森林的破坏导致的大量物种灭绝则发生在几百年或更短的时间内。有迹象表明，地球上的许多陆地植物和动物由于受到人类活动所产生的巨大环境压力，正在迅速地被推向灭绝深渊。

41

容易灭绝的物种 〉

1.地理分布区狭窄的物种

一些物种仅见于一个狭窄的地理分布区中的一个或几个地点，因此一旦整个分布区受到人类活动的影响，这些物种就有可能灭绝。如局限于单个海洋性岛屿上的鸟类和单个湖泊中的鱼类。

2.仅有一个或几个种群的物种

地震、火灾或疾病爆发，可能导致某个物种中的任何一个种群区域性灭绝。因此，具有许多种群的物种要比那些仅有一个或几个种群的物种灭绝可能性小一些。

3.小规模种群的物种

由于近亲繁殖和遗传演变等原因，小规模种群比大规模种群更容易灭绝。因此，具有典型小规模种群的物种，如大型食肉动物和特异性极高的物种，要比那些具有典型大规模种群的物种更容易灭绝。

4.种群大小正在衰落的物种

种群变迁的趋向倾向于连续性，因

此，显现衰落迹象的种群易于灭绝，除非因此衰落的原因得到确认和修正。

5.种群密度低的物种

对种群密度低的物种来说，如果人类活动导致分布区破碎，会使每个片段内只能保存小规模种群。由于每个片段内的个体数量少，以至于物种无法长期持续下去，最终使其在整个分布区内消失。

6.需要大面积活动区域的物种

单个个体和单个社群需要在一个宽广的地区觅食的物种，当它们的部分分布区由于人类活动被破坏或破碎后，则倾向于陆续死亡直至绝迹。

7.体形大的物种

与小型动物相比，大型动物倾向于占用较大的个体分布区域，需要较多的

食物，易于成为被捕杀的对象，因此，它们或是因为得不到足够的食物而使种群衰退，或是因为被大量捕杀而灭亡。

8.不具备有效散布途径的物种

在自然界中，环境变迁促使物种或是从行为上、生理上去适应改变了的环境条件，或者迁移到适合其生存的新环境中去。不能适应环境的物种隔阂、不能及时迁移到适合其生存的新环境中去的物种，只能是灭绝。由于人类引起的环境变化速度太快，物种来不及适应，从而使迁移成了唯一的选择。在这种情形中，迁移能力差的物种将无法逃脱灭绝的命运。

9.季节性迁移的物种

季节性迁移的物种依赖两种或多种截然不同的环境类型，任何一类环境被

破坏或迁徙路线被阻断,这个物种就有可能无法生存下去。如每年往来于加拿大与热带地区之间迁徙的120种、上百万只的鸣禽和被大坝阻断不能到达产卵场地的鲑鱼。

10.遗传变异极低的物种

种群内的遗传变异有时可以使物种适应一个变化的环境,当环境中出现了一

种新的疾病、一种新的捕食者或者其他不利于物种生存的变化时,仅有极低或根本没有遗传变异的物种具有更大的灭绝危险性。

11.需要特殊小生存环境的物种

一旦一个生存环境被人类活动改变,它将可能不再适合于特殊的物种。例如,当人类活动影响到某个地区的水文

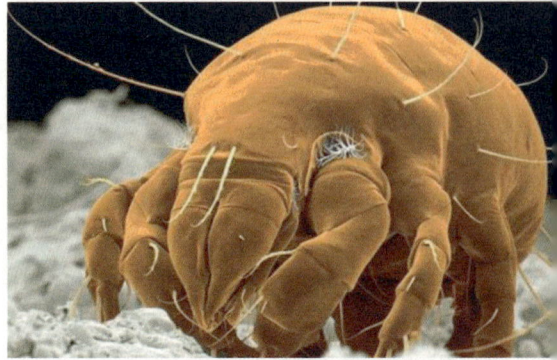

时,那些需要极特殊、极规律水位变化的湿地植物将可能快速灭绝。那些具有高度特殊化食物需求的物种同样处于危险之中,比如仅从单一鸟类物种的羽毛上取食的一些蜱螨类,一旦这种鸟类灭绝,与其羽毛相连的蜱螨类物种也会有同样的结局。

12.特异性地生活于稳定环境中的物种

许多物种仅适应于那些极少受到干扰的环境,如古老持久的热带雨林或温带落叶林的中心地带。当这些森林被砍伐、放牧、焚烧或者被人类活动改变时,许多当地物种不能忍受改变后的环

境气候条件以及由此导致的外来物种的流入。另外，稳定环境中的物种典型地表现出繁育年龄推迟并只产生少数后代，这些物种常常不能在一次或数次生存环境干扰事件后，重建自己的种群以避免灭绝。

13.构成永久或临时群集的物种

在特殊地区聚集为一群的物种对地区灭绝有高度的危险性。例如，有的蝙蝠种夜间在宽广的区域觅食，但白天则在特殊的山洞中特异性地栖息在一起，白天进入山洞中的猎人能够快速地捕获种群中的每一个个体。野牛群、藏羚羊群、

鱼群、已经灭绝的旅鸽群等，都属于这类动物。当一些社会性动物种类的种群大小降到某一特定数字时，由于再不能发挥集体觅食和集体防御的优势、找不到合适的配偶等原因，可能它们无法继续

持续下去。

14.遭受人类猎杀和采集的物种

这些物种通常是经济价值比较大的物种，过度开发能够快速减少这类物种

的种群大小，如果猎杀和采集得不到法律或者当地习俗的调节，这类物种就会灭绝。已经灭绝的隆鸟、恐鸟、旅鸽、渡渡鸟、猛犸象、大角鹿等和已经濒危的犀牛、虎、麝、貂、熊、鲸、人参等都属于这类物种。

"生态晴雨表"日渐衰微 〉

也许有人认为两栖动物模样丑陋，除了会抓一些昆虫以外没什么本事，但是事实并非如此，如果它们真的在地球上消失了，人类也不会好过。这些形状各异，爬来爬去的动物，包括青蛙、蟾蜍、火蜥蜴和蚓螈，处境异常危险。两栖动物被普遍认为是"矿井中的高频噪音"，它

们具有浸透性的皮肤非常敏感，也就成了环境恶化的特别预警器。以美国为基地的保护国际（CI）的主席拉塞尔表示，两栖动物是自然界最优秀的环境监测器，它们这种灾难性的剧减也就预示着地球面临着严重的环境退化。

20世纪70年代末期，两栖动物的数量开始锐减，到1980年已有129个物种灭绝。2005年初，一份全球两栖动物调查报告"全球两栖动物评估"显示，目前所知的全球5743种两栖动物有32%都处于濒危境地。但是科学家还不清楚为什么两栖动物会如此剧烈的下降，目前主要的理论就是栖息地减少。

由于人类肆意砍伐森林、污染水源和破坏湿地，两栖动物渐渐失去了立足之地。例如在美国加利福尼亚州生活着一种大型陆生蝾

螈，因为身上有淡绿色条纹而得名"虎纹火蛇"。但据美国联邦官员估计，由于城市化和农业开发，这种蝾螈迄今已失去了75%的栖息地。再有就是人类为饱口福或做为药物而大量捕食。另据报道说，两栖动物还遭到一种名为壶菌的真菌的威胁。这种致命的真菌攻击两栖动物皮肤，使两栖动物体内水分代谢紊乱，导致大量死亡。

两栖动物作为地球生态系统的"晴雨表"，当它们大量死去之时，科学家会考虑，接下来灭亡的会是什么，动物还是植物？根据"零灭绝组织"的调查，接下来的是鸟类和哺乳动物。

47

世界最濒临灭绝的11种动物

1.北部白犀牛

白犀牛分北部和南部两个亚种，南部白犀牛主要生活在南部非洲的保护区内，而北部白犀牛现在只能在刚果（金）的加兰巴国家公园中看到。加兰巴国家公园拥有许多世界稀有动物，例如丛林象、野牛和黑猩猩等。当然，最珍贵的动物当属仅存25头的北部白犀牛。

北部白犀牛与非洲南部的白犀牛在基因上存在较大差异，它们曾在乌干达大量繁殖，但是由于当地疏于保护而渐渐消失。尽管象牙、犀牛角等交易在全球范围内被禁止，但是黑市交易仍然热火朝天，在也门就有专门的犀牛角市场，在那里以犀牛角制成手柄的匕首是众多买家和卖家关注的焦点，是身份的象征。在加兰巴国家公园中，北部白犀牛的数量曾一度达到35只，但后来还是有些未能摆脱被猎杀的遭遇。"没有买卖就没有杀害"正是对北部白犀牛濒临灭绝命运的真实写照。

眼睛只有绿豆粒一般大小，已经退化，位于嘴角的后上方。耳朵只有一个针眼大小的洞，位于眼的后方，外耳道已经消失。白鳍豚主要生活在长江中下游及与其连通的洞庭湖、鄱阳湖、钱塘江等水域中，通常成对

2.白鳍豚

在我国长江里大约生活了2500万年的白鳍豚，是中新世及上新世延存至今的白豚古老的遗生物，有"活化石"的美誉。白鳍豚是鲸类家族中小个体成员，是世界上现有5种淡水豚（拉河豚、亚河豚、恒河豚、印河豚、白鳍豚）中存活头数最少的一种。白鳍豚体长2米，体重100—200千克。嘴部狭长，像鸟的嘴巴那样，约有30厘米，上下颌两边密排着130多颗圆锥形的牙齿，前额呈圆形隆起。皮肤细腻光滑，背面是浅灰蓝色，腹面是白色，体表呈流线型，前肢为鳍肢，背鳍呈三角形。后肢退化，尾部末端左右平展，分成两叫，呈新月形。有 个长圆形凹穴状的鼻子或呼吸孔长在头顶的左上方。

或10余头在一起，喜在水深流急处活动。现有数量稀少，20年前估计大约只有300头，当时就已面临灭绝的危险。

3.苏门答腊虎

苏门答腊虎是现存所有老虎亚种中最小的亚种。雄性苏门答腊虎平均体长（从头至尾）234厘米，体重约136千克，

雌性平均体长198厘米，体重91千克。其条纹比其他老虎亚种要狭窄，胡须和鬃毛浓密（尤其是雄虎）。其祖先源自更新世早中期的大陆虎类。1.2万年前海平面上升，使得苏门答腊地区与亚洲大陆隔绝，数以万计的野生虎被分离形成差异显著的新亚种。苏门答腊虎身上有深橘色的皮毛与密集的条纹，这些典型特征使它与大陆虎种明显分别开来。由于人类入侵以及对自然资源的毁灭性开采，苏门答腊虎栖息地已不断减少，并被切割成碎块。目前，其在野生状态下只有20只。随着1940年代巴利虎和1970年代里海虎的灭绝，人们预计，这一物种在不久的将来也将在地球上消失。

4.奥里诺科鳄鱼

奥里诺科鳄是西半球最大的鳄，体长可达7米，其特征与美洲鳄非常相似。

奥里诺科鳄生活于哥伦比亚东部和委内瑞拉的奥里诺科河盆地中的安静河流和潟湖中，在奥里诺科河口一带，与美洲鳄分享共同的栖息地，主要以鱼为食，也捕食其他可以捕到的脊椎动物。奥里诺科鳄的繁殖习性可能与美洲鳄相似。奥里诺科鳄由于鳄鱼皮贸易而数量骤减，现在委内瑞拉野外奥里诺科鳄鱼的数量可能不及百只。

5.僧海豹

僧海豹，是一种古老而稀有的海豹，是世界上唯一的一生都在热带海域中生活的海豹。僧海豹曾一度在加勒比海和地中海大量的繁殖，由于人类的狂捕滥杀，如今在世界上已难觅其踪，而仅仅在地中海和夏威夷群岛北部生存着不大的群体。除了捕食之外，僧海豹喜欢在僻静的岛屿上晒太阳，常常几十上百地聚集在

一起，进入15世纪后，僧海豹宁静的生活被人类彻底打破了，因为加勒比海地区一直是欧洲及美洲列强相争之地，早在1462年就有西班牙人进入此地，后来英、法、丹麦和美国等一些国家的人也先后来到这里，并且开始逐渐进入到了加勒比海腹地各个岛屿，而这些岛屿正是僧海豹常年栖息之地。由于食物短缺，人们来到这里后，便开始了捕杀海豹充饥。在陆地上笨拙的僧海豹只能束手就擒。到了19世纪，随着这些国家实力的增强，他们想占有更多的殖民地，于是越来越多的人来到了加勒比海地区。为了获得更多的海豹油、海豹皮，这些人又开始了新一轮的捕杀行动。美丽的海滩瞬间变成了屠宰场，到处都是僧海豹的尸骨。20世纪以后，随着科技的不断进步，人类使用更先进的捕杀工具，据专家估计，目前世界上仅有500只僧海豹，生活在地中海，受到海水和海滩生态环境变坏的影响，被渔民大量捕杀。

6.小嘴狐猴

世界最小的猴类，生活在马达加斯加。重量大约在30至90克。它们主要生长在马达加斯加的森林中，其主要食物是昆虫和少量的水果、花、叶子以及树液。

小嘴狐猴嘴部突出，鼻孔斜向上翘，也称仰鼻猴。脸部天蓝色，颈背至尾基部在浅灰褐色被毛中夹有金黄色长毛，全身毛色艳。身体长约15到18厘米，其尾巴和身体一样长。而重量大约在30至90克。一般在白天很难找到它们的身影，晚上却是寻找它们的好时间。由于它们的眼睛在夜间会变得非常明亮，所以很容易就可以找到它们的踪迹。它们的动作非常迅速。繁殖有明显的季节性，每胎多为2只幼崽，小猴两个月就能独立生活。对于小嘴狐猴的威胁主要来自栖息地环境的破坏，以及人们捕捉它们作为宠物饲养。

7.兰·坎皮海龟

兰·坎皮海龟上颌平出，下颌略向上钩曲，颚缘有锯齿状缺口。前额鳞1对，背甲呈心形。盾片镶嵌排列，椎盾5片，肋盾每侧4片，缘盾每侧11片。四肢桨状，前肢长于后肢，内侧各有1爪。雄性尾长，达体长的二分之一。前肢的爪大而弯曲

呈钩状。背甲橄榄色或棕褐色，杂以浅色斑纹，腹甲黄色。生活于近海上层。以鱼类、头足纲动物、甲壳动物以及海藻等为食。每年4—10月为繁殖季节，常在礁盘附近水面交尾，需3~4小时。雌性在夜间爬到岸边沙滩上，先用前肢挖一深度与体高相当的大坑，伏在坑内，再以后肢交替挖一口径20厘米、深50厘米左右的"卵坑"，在坑内产卵。产毕以沙覆盖，然后回到海中。每年产卵多次，每次产91~157枚。卵白色，圆形，径41—43毫米，壳革质，韧软。孵化期50~70天。目前全世界范围内最濒危动物中唯一数目成增长趋势的动物。兰·坎皮海龟平均需经历11~35年成长期。

8.夏威夷蜗牛

夏威夷蜗牛是一类色彩鲜艳的蜗牛，属于小玛瑙螺属。它们的颜色、外形都各有不同，但平均三四英寸长。大部分具有光泽、平滑的椭圆形或卵形外壳，并且外壳上有着斑斓的颜色，如黄色、橙色、红色、褐色、绿色、灰色、黑色以及白色。它们一般在夜间活动。大部分居住在美国夏威夷群岛的瓦胡岛上。它们分布在岛上海拔高度以上山上的本地原产的树木或矮树丛上，这些树叶和茎干表面上的真菌是它们的食物来源。由于人们对环境的破坏，导致它们渐渐失去了原有的栖息地。除此之外它们还受到了其他引进动物的威胁，如老鼠、食肉性蜗牛、非洲

大型蜗牛。而且它色彩鲜艳的外壳，导致许多喜欢收藏蜗牛外壳的人不惜任何代价都要拥有它。由此这种美丽的蜗牛的数量越来越少，已经是濒临绝种了。

9.斯比克斯鹦鹉

在野生状态下，斯比克斯鹦鹉虽没有完全灭绝，但已经少得不能再少。斯比克斯鹦鹉身长56厘米，翼展64厘米，体重295~400克，寿命28年。体羽大部分为暗蓝色，前胸和腹部带点亮绿的色调，背部和尾巴上方为深蓝色，眼睛附近的裸皮和脸颊为暗灰色，耳羽和前额附近的羽毛为浅蓝灰色，尾巴和翅膀内侧的羽

是世界上最小的哺乳动物 。体量不超过2克（相当于一个1角钱硬币），身体

毛为暗灰色，鸟喙为黑色，虹膜为黄色。1990年寻找这种鸟的鸟类学家仅仅找到一只幸存的雄性鸟，生活在遥远的巴西东北部地区。目前被人俘获的31只鸟是这种鸟能够存续下去的唯一希望。

总长度大约为30毫米，而当两翼展开后的总长度大约16cm。在翅膀的后面有一个非常大的网状外皮，这可能是为了帮助它们飞行和捕抓昆虫。它们的身体呈微带红色的褐色或灰色，有一对非常大的耳朵，鼻子平而且还有点向上，有点像

10.微型猪

世界上最小的猪，野猪的一种，主要生活在印度东北部。60厘米长，高约25厘米，成年猪不足10千克。曾在喜马拉雅山地区大量存在，现在仅印度阿桑地区的玛纳斯国家公园拥有为数不多的几头。其基因与家猪的基因并无太大差别。

11.泰国猪鼻蝙蝠

猪的鼻子，所以得名猪鼻蝙蝠。但是它们没有尾巴。它们只生活在泰国，居住于柚木森林和竹林附近具有圆锥形顶部的非常深的石灰石洞中。由于大量的砍伐森林，导致它们的生活环境大受破坏，从而现在存活的猪鼻蝙蝠全世界将不超过200只。

濒危动物的哀鸣

中国10种濒临灭绝的动物 >

1.古朴国宝——大熊猫

大熊猫是一种以竹为主的食肉目动物，不仅集珍稀、濒危、特产于一身，而且非常古老，有"活化石"之称。与其同时代的古动物剑齿虎、猛犸象、巨貘等均已因冰川的侵袭而灭绝，唯有大熊猫因隐退山谷而遗存下来。现仅分布于中国四川、陕西、甘肃约40个县境内的群山叠翠的竹林中，过着与世无争的隐居生活。与许多动物一样，大熊猫的生存状况十分可悲，处在灭绝的边缘。原因无非是人类活动范围扩大，使其退缩于山顶，呈孤

岛化分布，食物与配偶资源贫乏，近亲繁殖严重、体质下降、抗病力弱。目前总数仅约1000只，被列为国家一级保护动物和国际自然保护联盟（IUCN）红皮书认定的"濒危物种"。作为中国的"国宝"和"友谊使者"，大熊猫被中国野生动物保护协会和世界野生动物基金会（WWF）选为自己的会徽标志。

2.仰鼻蓝面——金丝猴

中国金丝猴包括川、滇、黔3种，因滇金丝猴远居滇藏的雪山杉树林，数量仅千余只，黔金丝猴仅见于贵州梵净山，数量才700多只，大家比较熟悉的当数川金丝猴，川金丝猴，布于四川、陕西、湖北及甘肃，深居山林，结群生活。背覆金丝"披风"，攀树跳跃、腾挪如飞。金丝猴刚被命名时，因其仰鼻金发，使动物学家爱德华先生联想起欧洲十字军司令翘鼻金发的夫人洛克安娜，于是，他便把这个美人之名放到了金丝猴身上（金丝猴的学名学名：*Rhinpitheius roxellanae*）。金丝猴为灵长目、猴科、仰鼻猴属。在这个仰鼻猴属中，还有一支中国以外的金丝猴家族，即越南仰鼻猴，这是一种小型、黑色腹及四肢内侧浅黄的长尾素食猴子，1910年被发现，曾失踪半个世纪，

58

到1989年才又被发现，仅有200只，栖息于越南北部。川、滇、黔3种金丝猴都是国家一级保护动物，滇金丝猴和黔金丝猴是国际自然保护联盟(IUCN)红皮书的"濒危"级，川金丝猴为"易危"级（越南金丝猴为"极危"级）。它们都面临盗猎、伐木、毁林开荒、生境退缩的威胁，可谓"树倒猢狲散"。

3.长江奇兽——白鳍豚

白鳍豚为中国长江中下游的特有水兽，全球豚类有70多种，淡水仅5种，中国仅此一种淡水豚。分布狭窄，比大熊猫更古老、更稀少。

4.中华之魂——华南虎

"华南虎"一词源自我国，其实华南虎远不止分布于我国的华南地区，过去就连华东、华中、西南地区也有广泛分布。它是我国独有亚种，称为"中国虎"会更加合适。华南虎原为中国分布最广、数量最多、体型较小但资格最老的一个虎种。华南虎雄性约重149~225千克，雌性约重90~120千克，个头虽然不是最大，但它是自然界中所有老虎的始祖。老虎公认的6个亚种包括现存的6个亚种皆是自此衍生而来。华南虎正处于垂危状态，野外数量约20只，呈孤岛分布，且捕食对象稀缺。人工饲养下的50只呈严重近亲，

退化现象十分明显。华南虎被国际自然保护联盟（IUCN）红皮书列为"濒危"级别，中国一级保护动物。

5.东方之珠——朱鹮

朱鹮，长喙、凤冠、赤颊、浑身羽毛白中夹红，颈部披有下垂的长柳叶型羽毛，体长约80厘米。它平时栖息在高大的乔木上，觅食时才飞到水田、沼泽地和山区溪流处，以捕捉蝗虫、青蛙、小鱼、田螺和泥鳅等为生。朱鹮是稀世珍禽，历史上朱鹮曾广泛分布于东亚地区，包括中国东部、日本、俄罗斯、朝鲜等地。20世纪以来，由于人类社会生产活动对环境的影响，主要是冬水田数量的减少、化肥

和农药对环境的污染、森林减少和人为干扰等原因，使得朱鹮对变化了的环境难以适应，其数量急剧减少。20世纪20年代人们认为日本的朱鹮已不存在，但后来又发现少量残存于佐渡岛和能登半岛的个体。1952年日本将朱鹮定为"特别天然纪念物"，1960年在东京召开的第十二次国际鸟类保护会议上被定为"国际保护鸟"；1967年韩国政府也将朱鹮定为"198号天然纪念物"。20世纪60年代末，苏联境内朱鹮绝迹，70到80年代在朝鲜半岛消失，后来日本血统的最后一只朱鹮阿金也去世，日本朱鹮灭绝。中国自从1964年在甘肃捕获1只朱鹮以来，一直没有发现朱鹮的踪迹，为了查明朱鹮在中国的生存情况，中国科学院一支科考队在全国范围内对朱鹮及其可能存在的地区开展专项调查。1981年5月，科考队终于在

陕西省汉中市洋县发现7只野生朱鹮,从而宣告在中国重新发现朱鹮野生种群,这也是世界上仅存的一个朱鹮野生种群。世纪初,朱鹮在中国的数量已达248只,可以说已经摆脱了灭绝和高度濒危的厄运。

6.堪称国鸟——褐马鸡

褐马鸡是一种产于中国山西庞泉沟、河北小五台山及北京门头沟的珍禽,

因耳部由两个雪白的耳羽,好似长角,也有人称之为角鸡或耳鸡。尾羽上翘后,披散垂下,如同马尾,故名马鸡,马鸡属共有4种,均产于中国,即藏马鸡、白马鸡、蓝马鸡和褐马鸡。褐马鸡虽名为鸡,可羽色黑褐,油光瓦亮,生性更为惊人,勇猛善斗,宁死不屈。褐马鸡是山区森林地带的栖息性鸟类。它主要栖息在以华北落叶松、云杉次生林为土的林区和华北落叶松、云杉、杨树、桦树次生针阔混交森林中。它白天多活动于灌草丛中,夜间栖宿在大树枝杈上,冬季多活动于1000米~1500米高山地带,夏秋两季多在1500米~1800米的山谷、山坡和有清泉的山坳里活动。褐马鸡在国际上与大熊猫齐名,被世界雉类协会放在其会徽上,许多动物学家建议,应把褐马鸡定为中国国鸟。目前,褐马鸡为国际自然保护联盟(IUCN)红皮书"濒危"级,是国家一级保护动物。

7.孑遗物种——扬子鳄

扬子鳄是中国现存的唯一鳄种。全球鳄鱼共有25种,中国只有湾鳄和扬子

鳄。但是作为体型最大的鳄，湾鳄早已在几百年前灭绝了，而扬子鳄现为我国特有，也是从远古北方仅存的唯一分布在温带的孑遗种类。作为爬行动物，扬子鳄体长2米，善于游泳而栖息于水中，营巢在河湖浅滩、植被密生的草丛中。寒冬，扬子鳄钻到地下洞之中蛰伏，穴深2~3米，带有1~3个出口，穴顶有通气小孔，洞窟是长达几米到20米不等的隧道，内铺枯木、杂草等，冬眠至4、5月份，扬子鳄出蛰， 5、6月份进入繁殖期，7、8月份产卵，卵白如鸡蛋，两个月后孵化出壳，出生小鳄十分虚弱，常受到其他动物威胁。

扬子鳄主食螺、蛙、虾、蟹、鱼及鼠、鸟等，遇上较大猎物，会以粗硬的尾巴击打，饱食一顿可长时间不食。19世纪，扬子鳄出没在长江下游，湖北、安徽、江西和江苏境内，喜在丘陵溪壑和湖河的浅滩上挖洞筑穴，不过这种爬行动物却离不开水。它在陆地上动作笨拙迟缓，一旦到水里，却如鱼得水。而这种水陆两栖的特点，导致了扬子鳄的悲惨命运。扬子鳄筑穴的浅滩多被开垦为农田，丘陵植被被大量破坏，丘陵地带的蓄水能力大大降低，干旱和水涝频繁发生，使扬子鳄不得不离开其洞穴，四处寻找适宜的栖息地。这种迁移过程又为自然死亡和人为捕杀创造了机会。1970年代以后，扬子鳄等濒危物种放归自然的工作稳步推进。扬子鳄物种得到有效保护，数量总体呈上升态势，全国扬子鳄总数已经达到1万多条。

8.高原神鸟——黑颈鹤

黑颈鹤是世界上唯一的高原鹤类，是藏族人民心目中神圣的大鸟，也是世界

15种鹤中被最晚记录到的一种鹤,它是俄国探险家普热尔瓦尔斯基于1876年在中国青海湖发现的。黑颈鹤夏季在西藏繁殖,冬季迁至云贵越冬,少数还飞越喜马拉雅山至不丹越冬。黑颈鹤的颈、尾、翅羽均为黑色,体灰白,头上亦有红顶,但不如丹顶鹤的明显。作为高原草甸沼泽栖息的鸟类,本来在"高处不胜寒"的云贵藏生活、迁飞,与世无争。可近年人类对湿地的开发,抽干沼泽使这些高原涉禽正面临丧失家园的威胁。据国际鹤类基金会调查,西藏拥有中国亦即世界最大的黑颈鹤种群,估计达4000只,黑颈鹤目前已经被列为国际自然保护联盟红皮书的易危级,一级保护动物。

9.雪域喋血——藏羚羊

藏羚羊,近年极受世人瞩目,主要原因是由于1980年以来西方时装界对"藏羚绒披肩"即"沙图什"的消费需求而刺激了偷猎者的不法行为,致使生活在生命极限的高寒地区的藏羚羊正以一年近万只的速度减少。藏羚羊是青藏高原特有物种,为偶蹄目、牛科,与已在中国本土刚刚灭绝半个世纪的高鼻羚羊亲缘关系最近。藏羚羊又名"一角兽",一个世纪前多达数百万只。被藏民称为大雁的朋友,它们在高原上奔跑如飞,狼也很难追上,但以汽车和枪支装备起来的盗猎者却可以成片地杀戮。目前中国的藏羚羊不足7万只,但年复一年、禁而不止的非法交易与屠杀使其数量直线下降,目前被列为国家一级保护动物,被国际自然保护联盟红皮书列为"濒危级"。

10.失而复得的"四不像"——麋鹿

"四不像"为麋鹿的俗名,作为中国特有的湿地鹿类,它曾于1900年在中国本土灭绝,幸有少量存于欧洲,最后仅剩18头,被养在英国乌邦寺,经过一个世纪

的养护，种群才得以恢复。1985年回归到北京南海子，这里是麋鹿这一物种的模式标本产地，也是元、明、清皇家猎苑故地。麋鹿是湿地动物，由于对湿地生境的适应，而形成特殊的形态，即所谓的"四不像"，角似鹿非鹿、脸似马非马、蹄似牛非牛、尾似驴非驴。中国麋鹿从1985年首批回归38头，被放养于北京南海子的千亩鹿苑后，逐渐繁衍壮大，迁往长江之畔的湖北石首，从而成功完成回归野外的"重引入"工程。另外，在江苏大丰黄海之滨的麋鹿也蓬勃发展，加上全国二十几处动物园等饲养的麋鹿，至2001年初，已经达到1300只，麋鹿失而复得、重引入的成功是向国际社会展示的中国保护野生动物的成就，它的故事向公众表达了人与自然协调发展的可能性与必要性。

⟩ 扬子鳄与扬子江中的"扬子"在哪里?

　　众所周知,"扬子"乃长江之别称。其实该名称最初乃专指长江下游区域的某一段。隋唐年间,扬州城南 20 里许,有一个名叫扬子的小镇。因地临长江北岸,故又名扬子津。史书载:"隋开皇十年,杨素帅舟师自扬子津入击朱莫问于京口"。这大概是扬子之名见于史册的最早资料。其后隋炀帝继位,为游幸,利用吴王夫差开的邗沟古道,开运河自山阳(今淮安)至扬子。并在扬子建临江宫(一说扬子宫),从此扬子津日渐繁华。自扬子津行船抵南岸京口(今镇江)烟波浩渺,南来北往的商旅皆云集扬子津候渡及觅转车船。因而扬子的知名度不断提升,久而久之,人们就把丹徒与江都间的江段称为扬子江,意即与扬子津毗邻的那段大江。后来,特别是在西方语境中"扬子江"成为对长江的统称。

面临气候变化威胁的极地生命 >

北极熊和企鹅已经引起人们的广泛关注。但是，还有更多大型、绒毛或羽毛动物在地球冰冷的极地繁衍并茁壮成长。地球的极地环境接纳了一代又一代的植物和动物，而近来这些极地居民们却要面临着气候变化带来的威胁。

是，如果春天来得比较早的话，海藻的茂盛期将与浮游动物（漂浮在海水里的微小动物）的大量增加同时发生。这样，浮游动物将会吃掉这些海藻。那么对于海底食泥哺乳动物（海象和灰鲸）来说，将面临一个艰难的时代。

2.白眶绒鸭

海底食物减少也将导致另外一种动

1.食底泥动物

到了春天，部分地区的海冰将会融化，海水里海藻数量增加。大部分海藻将会落入海底，成为蛤和蟹的食物。但

物数量减少，即白眶绒鸭。它是属于鸭科的一种很具特色的水鸭。雄鸭眼睛周围有黑眼眶，雌鸭为棕色。体圆羽毛丰满，以适应北极的严寒。杂食性，白眶绒鸭以水生动物鱼、甲壳动物和软体动物为食，也吃植物类。

3.濒临灭绝的哺乳动物

北极熊、独角鲸和冠海豹都是对气候变化非常敏感的极地哺乳动物。面对全球变暖，冠海豹和北极熊尤其面临险境，因为它们以海冰为栖息地。并且，北极熊（几乎单纯以海豹为食）和独角鲸（几乎只从一个海湾获取全部食物）对饮食非常挑剔，这也意味着它们将面临更多的麻烦。

4.片脚动物

北极圈内，从海冰里也滋生出另外一条食物链。漂浮在北极海面上的海冰

底部2厘米处，居住着几百种藻类和微小动物，它们寄居在海冰内截流的细小海水通道内。其中就有片脚动物，它们与沙蚤同类，生活在海冰下面的水中，并以海冰中微小生物为食。这些片脚类动物单纯从海冰中获取食物，因此，温度升高将威胁着它们的生存。如果片脚类动物面临生存威胁，其他动物也将面临同样的命运。片脚类动物在海洋生物链中，连接并支撑着一些大型海洋哺乳动物。鳕以片脚类动物为食，而鳕又是环斑海豹的食物，北极熊又以海斑海豹为食。正如科学家所言——"如果你看见一只北极熊，实际上你看见的是一条延续到微小生物

69

的食物链。"

5.美丽的浮游生物

硅藻是单细胞藻类，它是南极半岛上生物链的底端。而南极半岛是地球上温度变暖最快的地区。自从1950年以来，

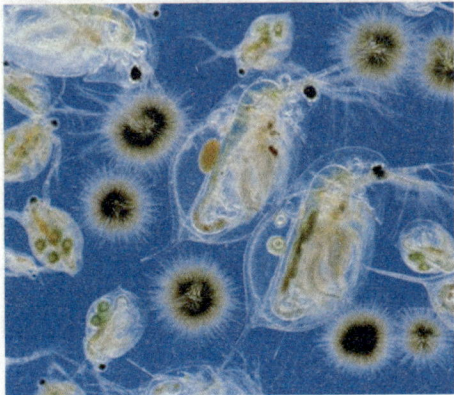

那里的温度上升了三四摄氏度。一些地区已经失去了40%的海冰。

海水取样显示，硅藻属正在减少。这对于以硅藻属为食的生物来说，无疑是个极大的坏消息。

6.被捕杀的磷虾

磷虾，是生活在海洋里的甲壳类虾，也是许多动物赖以生

存的食物，包括企鹅、海豹，尤其是须鲸类动物。在过去30年内，南极半岛附近海域的磷虾减少了80%，这严重影响了整个食物链的发展。随着磷虾数量的大量减少，樽海鞘可能会大大增多。樽海鞘是一种胶状的，外形类似水母的动物，但是，基本上没有什么其他动物是以樽海鞘为食的。这也就是说，樽海鞘不能像磷虾一样，供养整个南极洲。

7.部分企鹅和海豹

阿德利企鹅和帝企鹅只能在有海冰的地方生存。一旦海冰消失，它们也将不复存在。自20世纪80年代以来，阿德利

企鹅的数量已经减少了65%。但是，故事并没有就此结束。在南极半岛，其他一些企鹅正在替代阿德利企鹅。颊带企鹅和凤冠企鹅擅长在陆地边上捕鱼，而不善在漂浮的海冰上捕食。但是在曾经仅有阿德利企鹅生存的地方，也出现了颊带企鹅和凤冠企鹅。不久的将来，同样的命运也将发生在海豹身上。威德尔海豹大部分时间漂游在海冰下面，或者捕食，或者躲避追击。象海豹和软毛海豹则不必完全隐藏在海冰底下生存。然而海冰的消失，将剥夺它们的这种优势。

8.薄壳动物

当更多二氧化碳溶入大海，海水酸性就会增强。海水酸碱度的改变将影响到甲壳动物生成甲壳的能力。生活在南极海洋里的动物尤其面临这样的危险，因为它们的贝壳正在变得越来越薄。

十大不为人知的濒临灭绝动物

1.非洲野狗

非洲野狗又称鬣鬣狗，是一种非常稀有的野生动物。它们喜欢群居，主要生活在非洲的平原、草原以及低地森林。非洲野狗的皮毛很短，有斑点，有敏锐的视力和嗅觉，其寿命通常是11年。另外，它们也非常善于奔跑，时速可以达到48千米每小时。

作为世界上濒临灭绝的动物之一，起初，它们遍布于南非的各地，但是今天野生的非洲野狗只有3000~5000条。近期一项在非洲32个国家范围内的调查报告显示，非洲野狗已经在19个国家灭绝，在7个国家非常稀少。它们目前主要活动于6个国家，分别是：坦桑尼亚、南非、肯尼亚、博茨瓦纳、赞比亚以及津巴布韦。

非洲野狗最大的威胁就是人类有意或无意的捕杀，狂犬病瘟疫的传播，栖息地的减少以及来自它们强大的天敌——狮子和豹子等动物的猎食。由于当地的居民以畜牧业为主，伴随着人们日益扩大的活动区域，非洲野狗食物的栖息地也就面临着减少和破坏的危险。日积月累，非洲野狗的生存环境就遭到了严重的威胁，也造成了它们今天濒临灭绝的悲剧。当然，值得庆幸的是，人们已经意识到了问题的严重性。世界自然基金会已经于2007年成立了赛罗斯自然保护区。在当地社会团体的帮助下，关于保护非洲野狗的各项活动也已经正式启动。

2.狐猿

狐猿是一种生活在马达加斯加热带雨林的哺乳动物，也是一种巢居动物，属灵长目，和猴子、类人猿以及人类很相似。它们白天在树上的巢里休息，夜间活动，有着圆圆的眼睛、黑黑的毛、大大的耳朵、长长的尾巴（通常长达40厘米）。它们的爪子有点像我们人类的手，指头上长有平平的指甲，中间的指头最长。

起初，狐猿生活在马达加斯加东部和北部的海岸地带。在20世纪60年代前，它们在那里生活得很悠闲。直到1965年，它们的最后一块雨林聚居地被彻底破坏。到了1972年，狐猿的数量已经大幅度减少，只集中分布在3个孤立的岛屿上。到1983年，人们只能偶尔在东北部的海岸地带看到狐猿的踪迹，之后，虽然在其他地区也发现过它们的足迹，但是已经非常稀少。目前，国际自然保护联盟已经把狐猿列为了濒危动物。

和非洲野狗的处境很相似，狐猿也因为栖息地的不断减少才生命岌岌可危。起初，马达加斯加当地的居民不仅容忍它们的存在，甚至迷信地对它们充满了敬畏。然而很不幸，现在，人们把它们当作死亡的前兆：如果它们出现在某个村民的附近，那对于这个村民来说，就意味着死亡的来临。而与此同时，伴随着栖息地的不断减少，它们开始入侵当地的种植园。这样一来，它们就面临着更多被捕杀的危险。不过尚显幸运的是，由于狐猿被认为是一种坏征兆，所以还没有人以它们为食。

3.貘

貘是一种有蹄类哺乳动物，主要生活在南美洲和印度尼西亚的热带雨林、草原、沼泽地带以及灌木丛中。它们的鼻子很长，有弹性，长的非常像猪。尽管貘是陆栖动物，但是它们大部分时间都生活在水中和泥中，也很擅长游泳。貘也是

一种很腼腆的动物，喜欢独自生活或者和它们的伴侣一起生活。

由于分布的地理位置不同，貘也分为不同的种类，每一种类都有自己的独特之处，这里主要介绍山貘。山貘重约225千克，栖息在1400~4700米高的山地森林中。它们喜欢潮湿的环境，并经常洗澡。它们的主要食物是蕨类和树的嫩叶。和其他貘不同的是，山貘白天、晚上都活动。另外，尽管大部分山貘喜欢独居，但仍有5到7只聚居在一起的时候。

1954年前，山貘主要分布于安第斯山脉的哥伦比亚、厄瓜多尔、秘鲁、西委内瑞拉，而如今山貘只存在于哥伦比亚和厄瓜多尔。另外，它们也被迫向海拔更高以及不容易被打扰的地方迁移。

和其他濒危动物一样，农牧业的发展也同样造成貘的栖息地不断减少。另外，人类的捕杀是它们濒危的另一因素。事实证明，人类无限度地追求它们的药用商业价值对现存的貘将是致命的打击。

4.黑足鼬

黑足鼬又叫黑眼鼬（眼睛和眼睛周围都是黑色的）作为野生濒危动物的一种，是世界上最稀有的哺乳动物之一，身体细长，上半身的皮毛是黄色，下半身是灰色，有着深色的尾巴以及黑黑的尾巴

75

尖、嘴部、喉咙、前额部分呈白色，它们的腿都很短，前面的掌却长有锋利的爪子，主要用来挖掘。通常情况下，雄鼬要比雌鼬大得多、重得多。黑足鼬原产地是北美洲，从加拿大的亚伯达到美国的西南部，曾经广泛分布于整个大平原西部。但到1987年，野生的黑足鼬灭绝了。通过相关保护措施，此后，美国8个州引进了黑足鼬，但是前景仍然不容乐观。到目前为止，只有南达科塔州的两个黑足鼬种群以及怀俄明州的一个种群可以自然繁衍后代。

事实上，尽管黑足鼬有时会捕食松鼠、老鼠以及其他啮齿类动物，但它们的猎物仍旧以北美草原上的土拨鼠为主。所以，为了维持黑足鼬的持续发展，一个适合它们发展的环境，特别是大量土拨

鼠的存在是必须的。另外，据相关数据显示，黑足鼬的基本生存环境是40~60公顷的草原。然而，由于人为原因，它们的栖息地不断遭受破坏，在20世纪上半叶，当地政府有组织地大肆捕杀土拨鼠以更好的开发农牧业，这样一来，黑足鼬的数量也随之剧减到不到原来的一半。然而，悲剧并没有结束，不断蔓延的瘟疫使它们以及它们赖以为生的食物几近灭绝。尽管相关部门已经做出巨大的努力，但所起成效仍然甚微。

5.美洲野猫

野猫，顾名思义是指那些生活在野外的猫。当我们提到美洲野猫时，我们更多地指那些土生土长在北美洲的野猫，它们生活在各种各样的栖息地中，从针叶林到灌木丛，从沼泽沙漠到湿地。尽管如此，它们更喜欢生活在有茂密覆盖物或者破碎的地形区，因为在这里它们不仅可以很好地隐藏自己，更重要的是它们可以很好地躲避恶劣气候。

长期以来，我们一直认为猫和老鼠

是天敌。认为猫吃老鼠天经地义，如果要吃其他东西，比如说鹿或者兔子，也许就会有很多人惊讶不已，以为这是天方夜谭。事实上，野猫就是这样一种神奇的动物。它的身体长约65~105厘米，高45~58厘米。没错，它确实长得很大，所以我们对于它的主食是家兔或者野兔也就不那么稀奇了。但是它的食物并不仅仅是这些小的动物，它可以吃老鼠，大一点的动物，它可以吃鹿。像家猫一样，它们白天晚上都活动。但冬天当猎物特别少时，它们大多在白天活动。

美洲野猫的分布很广泛，几乎遍布整个北美地区。由于国际上各种猫科类动物的贸易频繁，过去人们并不认为野猫皮的贸易会威胁它们种群的发展，因此大量收购野猫皮，加之一种叫作北美小狼的动物也严重威胁着这个种群的生存，当地的人们还把它们当作家畜的天敌，对其进行大肆捕杀，所以曾经高度繁殖的中西部、东部海岸的野猫也几近灭绝。

6.美洲猎豹

有资料称，除了人类以外，在美洲西

部分布最广泛的哺乳动物就是美洲豹。一直以来,它们以健壮的体魄和爆发性的速度而闻名于世。它们的后腿非常健壮发达,这也是它们可以瞬间高速冲刺的原因,也因此它们可以很好地追赶和伏击猎物。大多时候,它们会选择在傍晚或者夜间活动。北部地区的美洲豹更多的是以麋鹿和牛为食,而热带地区的美洲豹则会以中等大小的猎物为食。

美洲豹的寿命仅有8年,但它们的适应能力很强,分布也很广泛。从不毛之地的沙漠,到酷热难当的热带雨林,再到严寒阴冷的针叶林地带,从海平面到

五六千米的安第斯山脉,到处可以看到它们的身影。有研究显示,它们比较喜欢生活在茂密的丛林里,但是对于它们来说即使是植被稀少的地带也是无关紧要的。尽管是陆栖动物,但必要时它们既可以爬树也可以游泳。

就像我们前面提到的美洲野猫一样,美洲豹也有自己的领地,而与野猫不同的是,它们的疆界是以突出位置来划分的。通常情况下,在雄豹的领土范围内会有几只雌性的美洲豹。刚出生的小美洲豹生存能力较差,所以它们会和母亲待在一起至少一年半到两年时间。不过,

两个月大时，它们就可以陪同雌美洲豹觅食了。

据美国野生动物部门统计的相关数据显示，在1970—1978年间，被人为杀害的美洲豹数量至少也有66665只。另外，由于栖息地的丧失，加之近亲繁殖使它们的优良基因被破坏，所以导致今天面临濒危的悲剧。

7.褐鹈鹕

褐鹈鹕的名称来源于它褐色的羽毛。它是一种以鱼为食的大鸟，生活在大西洋、太平洋以及南北美洲的墨西哥沿岸。褐鹈鹕有一个长而直的嘴，在嘴的下面有个巨大的育儿袋，这个育儿袋的容量是它胃容量的3倍，可以用来捕鱼、喂养幼鸟，甚至散热。

通常情况下，褐鹈鹕长约2米，重4千克，翼幅达2~2.3米。就像我们前面所说，它是食鱼的肉食性动物。根据美国鱼类野生物保护部提供的信息显示，它们的主要食物是鲱鱼、红鲈、石鲈、乌鱼等，在大西洋沿岸的鹈鹕则主要以鳀鱼和沙丁鱼为食。当然，它们也会食用一些甲壳类的食物，比如对虾等。褐鹈鹕有着极敏锐的视力，即使在六七十英尺的高空也可以探查到一群小鱼甚至是一条小鱼的踪影，然后它们会飞速地潜入水中（有时是部分，也有时会全部潜入到水中），然后

再飞速地冲出水面。此时它们的嘴中，更确切地说，是育儿袋中充满了鱼。有人也许会很惊讶，一个飞行的鸟类怎么会有这么大的本领呢？事实上，这主要归功于它们皮肤下面的气囊所起到的缓冲作用。

对于它之前被列为濒危动物的原因，也和其他动物濒危的原因大同小异。首先还是人类的捕杀以及自然栖息地不断遭到破坏，其实，它被捕杀的原因有点像我们前面提到的非洲野猫，人们之所以捕杀它是因为它价值不菲的褐色羽毛。而另外一个不得不提的原因是DDT的使用。然而很幸运，由于相关组织及时注意到了它们的危险境遇，并果断采取相应措施，比如，建立保护区、保护它们的栖息地、禁止使用DDT等。到目前为止，它们已经可以自然繁殖，并且濒危的噩耗也已经暂时远离它们了。

8.几维鸟

几维鸟是一种不会飞的鸟，也是新西兰的国鸟。它们生活在森林、灌木丛、沼泽、草原以及农田地带，长得虽然和鸡一样大小，但寿命可以长达40年。几维鸟有很长很尖的喙，鼻子位于喙的末端。羽毛呈褐色，看上去很粗糙也很蓬乱。

几维鸟的翅膀只有5厘米长，所以不能飞行。但是它有短而有力的大腿，不仅可以飞速奔跑，更加可以用来挖洞。其中每只爪子都有3个锋利的脚趾，但奇怪的是，它没有尾巴。通常，它们有45至84厘米长，30厘米高，大约1.25至4千克重。雌性几维鸟比雄性几维鸟要大得多。它们产的蛋很大，几乎是其身体的五分之一。雌性鸟一年内会产蛋2到3次，而且每次

都会把蛋下在它们自己挖的洞里。有趣的是，鸟蛋并不是由雌鸟孵化，而是由雄鸟孵化。

自从20世纪开始，约90%的几维鸟已经从地球上消失。在20世纪90年代，有调查者发现，仅剩的10%也以每年4%

的比率减少。特别是某些外来物种的引进,比如说狗、白鼬、猫等——据不完全统计,在6周内,一条狗可能吃掉500只几维鸟,而且几乎95%的几维鸟没有等到成年就被捕食了。除了外来物种入侵以外,它们还会掉落悬崖、淹死、误食捕杀老鼠的毒药,或者误闯为老鼠设置的机关。当然,此处我们仍然不得不提到栖息地的不断丧失。现在,新西兰政府已经采取了相关的措施实施保护,但愿它们早日走出濒危的困境。

9.南美栗鼠

南美栗鼠是一种啮齿类的小型哺乳动物,主要居住在南美洲安第斯山脉的西部。它们是穴居动物,要么居住在石头的裂缝中,要么居住在自己打的洞穴中。尽管只有22.5至38厘米长,尾巴也只有7.5至15厘米,但它们能够跳6英尺高。与其他哺乳动物相比,比较奇特的是,雌性的南美栗鼠比雄性的南美栗鼠要大得多。它们的平均寿命是8至10年,但是如果人类饲养的话,寿命竟然可以达到15至20年。

像大多数老鼠一样,南美栗鼠也是夜行性动物,傍晚和黄昏是它们活动的高峰期。白天则在洞穴或石缝里休息。它们是食草类动物,但偶尔也会食昆虫和鸟蛋。有趣的是,当它们吃东西时,通常是后腿坐在地上,同时前爪拿着食物。作为一种社会性动物,它们通常会有上百只共同生活在一起。更加有趣的是,它和我们人类很相似,也奉行"一夫一妻制"。它们的孕期为111天(对于这么小的哺乳动物来说确实有点长),所以一年最多可以生产2次。但是不像普通老鼠那样,幼崽们生下来就已经长好毛了。由于它们发育得比较健全,所以大概6至8周时间,它们就可以离开雌栗鼠自由活动了。

20世纪初,南美栗鼠的繁殖还很旺

盛。然而伴随着每张毛皮10万美元的天价，它们很快开始面临濒危的境地。然而人工饲养的南美栗鼠却非常常见。1923年，南美栗鼠被引进到美国，现在几乎所有人工饲养的南美栗鼠都是它们的后代。相关数据显示，在智利南美栗鼠大概只存在1万只了。而根据最新调查显示，由于农业的发展，它们的栖息地还在不断减少，所以境地就更加堪忧了。

10.大食蚁兽

大食蚁兽是我们所要研究的十大不为人知的濒危动物的最后一种。它在非洲分布得很广泛，从撒哈拉沙漠南部的塞内加尔向东一直到埃塞俄比亚，向南一直到南非。它们的聚居地种类也很多样，但它们的分布主要还是和其猎物——蚂蚁和白蚁有关。

这种奇特的动物外表看起来特别像猪，但它们之间又有本质的区别。它喜欢夜间活动，偶尔会在白天出没，主要是在寒冷冬天的下午。它矮但健壮，身上的毛也很坚硬，脖子很短，尾巴却长而发达，耳朵尖长。它的短而有力的腿上长着锋利的爪子，其中前蹄上有4个爪子，后蹄上生有5个，因此它们擅长挖掘。它尾巴的作用，从某种程度上说，类似于袋鼠，必要时会作为它平衡身体的工具。另外，最有特色的还是它的舌头。它的舌头很长，也很有弹性，上面有黏稠的唾液，这使得它很容易捕食蚁类。捕捉到猎物后也不需要咀嚼，而是直接吞到胃里，利用胃部底端肌肉发达的部分将其碾碎。据有关数据显示，一只食蚁兽每晚可以吃掉5万只的蚁类。

从世界范围看，尽管现在的数量似乎不足以威胁物种的存在，但是，随着栖息地遭到破坏，它们的数量正在不断较少。另外，随着人类对它们的捕杀，其生存状态已经开始处于令人堪忧的境地。可是事实证明，如果没有它们，农田、庄稼、草地又会被白蚁破坏。所以，无论出于何种目的，我们都应该为大食蚁兽做些事情。

● 灭绝者和濒临灭绝者的故事

猛犸象 >

　　在经典动画电影《冰河世纪》中，作为影片主角之一的曼尼深受影迷的喜爱。这只浑身披满棕红色长毛的大象，看起来面目狰狞，却是不折不扣的正面人物。它侠义心肠、勇敢、智慧、稳重，而且心胸开阔，在影片中一直充当着领导者的角色。事实上，还真曾有这么一种动物存在与地球上，并且距离我们现在并不遥远，这就是猛犸象。

　　猛犸象，是古脊椎动物。猛犸是鞑靼语"地下居住者"的意思，曾经是世界上最大的象。冰河世纪开始时，猛犸象从非洲大象进化而来，它们比今天的大象大两倍左右，重达8吨。

　　猛犸象曾是石器时代人类重要的狩猎对象，在欧洲的许多洞穴遗址的洞壁上，常常可以看到早期人类绘制的它的图像，这种动物一直存活到1万年以前，在阿

拉斯加和西伯利亚的冻土和冰层里，曾不止一次发现这种动物冷冻的尸体。

猛犸象身高体壮，有粗壮的腿，脚生4趾，头特别大，在其嘴部长出一对弯曲的大门牙。一头成熟的猛犸身长达5米，体高约3米，门齿长1.5米左右，体重可达4~5吨。它身上披着黑色的细密长毛，皮很厚，具有极厚的脂肪层，厚度可达9厘米。

从猛犸象的身体结构来看，它具有极强的御寒能力。与现代象不同，它们并非生活在热带或亚热带，而是生活在北方严寒气候的一种古哺乳动物。

猛犸象头骨比现代的象短而高。体被棕褐色长毛。从侧面看，它的背部是身体的最高点，从背部开始往后很陡地降下来，脖颈处有一个明显的凹陷，表皮长满了长毛，其形象如同一个驼背的老人。无下门齿，上门齿很长，向上、向外卷曲。臼齿由许多齿板组成，齿板排列紧密，约有30片，板与板之间是发达的白垩质层。

• 猛犸象的灭绝

　　猛犸象生活到距今1万年的时候突然全部灭绝了，是什么原因造成的呢？专家们做过仔细的研究，找出了许多的原因，但归纳起来还是由外因和内因共同造成的。

　　外因：气候变暖，猛犸象被迫向北方迁移，活动区域缩小了，草场植物减少了，使猛犸象得不到足够的食物，面临着饥饿的威胁；内因：生长速度缓慢。以现代象为例，从怀孕到产仔需要22个月，猛犸象生活在严寒地带，推测其怀孕期会更长。在人类和猛兽的追杀下，幼象的成活率极低，且被捕杀的数量离现代越近越多，一旦它们的生殖与死亡之间的平衡遭到破坏，其数量就会不可避免地迅速减少直至灭绝。猛犸象以自己整个种群的灭亡标志了第四纪冰川时代的结束。

　　而一项新的研究发现，猛犸象死于人手。美国一个考古学小组推断，如果是人类捕杀导致了猛犸象的灭绝，那么在一个特定的区域内，猛犸象的灭绝时间应该与人类进入这一地区的时间相互吻合。而如果猛犸象是由于气候变化灭绝的，那么在一个特定的地区内，猛犸象应该与人类同时存在，并且仅仅是在气候改变发生后才走向灭绝。考古学小组研究工作总共涉及了5个大陆的41个考古学遗址。研究人员发现，当人类迁徙出非洲后，在它们的栖息地留下了死亡的猛犸象的痕迹。一个地区一旦被人类占有，那么猛犸象的化石记录便在这一地区停止了。研究者指出，使现代象幸存下来的避难所都是对人类缺乏吸引力的地方，例如热带雨林。不同种类的猛犸也拥有不同的灭绝原因，帝王猛犸由于真猛犸象侵入北美洲，以至失去生态区位而灭绝；哥伦比亚猛犸象很可能因为气候变化而灭绝；而真猛犸象的灭绝原因很可能出于人类的捕杀。

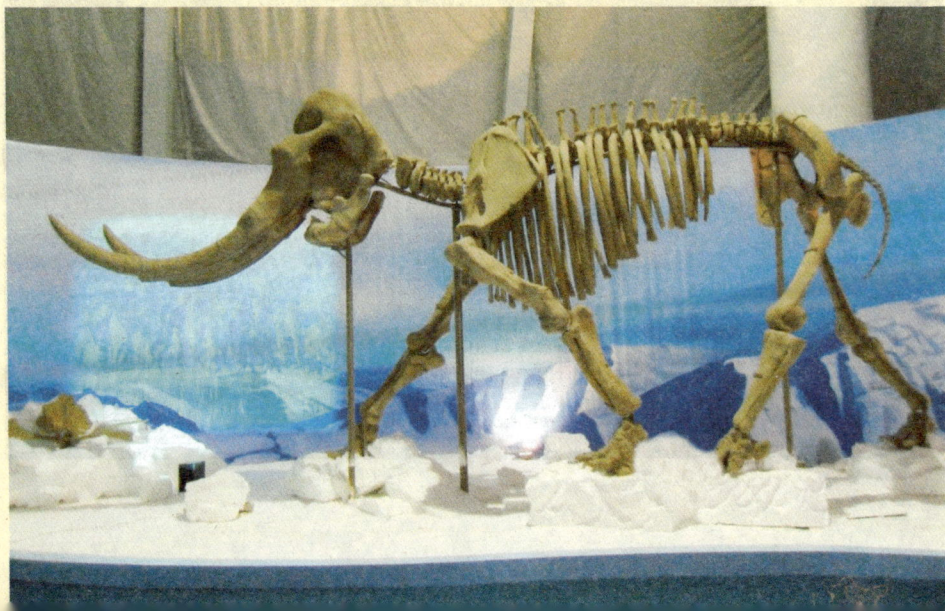

• 猛犸象的 "复活"

猛犸象的灭绝已经成为人类的一大遗憾。但是，一些科学家却宣称可以通过现代技术让猛犸象复活！在亚欧大陆和北美大陆北部的冰天雪地里，保留有很多猛犸象的干尸。俄罗斯的一位古生物学家就曾在西伯利亚永久冻土层中发现了一具基本完整的猛犸象干尸！因为有冰雪的冻结、保鲜，至今不少猛犸象的皮、毛和肉都完好无损。这就意味着科学家们可以从中提取 DNA，破译猛犸象的基因组，进而通过克隆技术使其复活。

2008 年，美国科学家根据猛犸象干尸的毛发，成功破译出猛犸象 80% 的基因组。同年，日本神户的一个发育生物学研究中心通过一只冰冻 16 年的老鼠干尸成功克隆出一只老鼠，这标志着人类向克隆出猛犸象又迈进了一步。或许不久的将来，猛犸象又将重新出现在地球上，但是，那时的人类能与猛犸象和平相处吗？这个曾经驰骋北国的"动物之王"又将会面临怎样的处境呢？

曾经的天堂鸟——渡渡鸟 >

渡渡鸟，或作嘟嘟鸟，又称毛里求斯渡渡鸟、愚鸠、孤鸽，是仅产于印度洋毛里求斯岛上一种不会飞的鸟。这种鸟在被人类发现后仅仅200年的时间里，便由于人类的捕杀和人类活动的影响彻底灭绝，堪称是除恐龙之外最著名的已灭绝动物。

• 渡渡鸟的名称由来

　　1505 年，葡萄牙航海家马斯克林登上了一个荒无人烟的小岛，首先映入他们眼帘的是一只只美丽奇异的海鸟。这些海鸟在海岸上空飞舞盘旋，以躲避外来者的袭击。让水手们吃惊的是，有一种肥大的鸟不但没有被他们吓得飞奔逃散，而且还主动靠过来。它们一边"嘟嘟"地叫着，一边向岸上的人走近，完全没有惧怕和戒备，这就是让水手们欣喜若狂的渡渡鸟。

• 渡渡鸟的形象

　　在古往今来的艺术家和画家的演绎下，渡渡鸟有着一个完整的形象。全身羽毛蓝灰色，喙23厘米左右，略带黑色，前端有弯钩，带有红点，翅膀短小，双腿粗壮，呈黄色，在臀部有一簇卷起的羽毛。渡渡鸟体型庞大，体重可达 23 千克。

　　在毛里求斯岛上，渡渡鸟没有任何的天敌，又有着丰富的食物，在长久的自然界的进化过程中，原本能够飞行的渡渡鸟胸部结构也慢慢发生改变，以至不足以支撑它的飞行，最终成为人类所见到的只能在陆地上跳跃前行的渡渡鸟。

• 渡渡鸟的灭绝

对于渡渡鸟的灭绝，科学家曾描绘出这样一幅画面：16世纪后期，带着猎枪和猎犬的欧洲人来到了毛里求斯，不会飞又跑不快的渡渡鸟厄运降临。欧洲人来到岛上后，渡渡鸟成了他们主要的食物来源。从这以后，枪打狗咬，鸟飞蛋打，大量的渡渡鸟被捕杀，就连幼鸟和蛋也不能幸免。开始时，欧洲人每天可以捕杀几千只到上万只渡渡鸟，可是由于过度捕杀，很快他们每天捕杀的数量越来越少，有时每天只能打到几只了。17世纪，荷兰定居者开始开拓殖民地，而渡渡鸟正是在这一时期走向灭绝的。对食肉动物毫无经验的渡渡鸟并不惧怕进行猎杀和破坏其生存环境（森林）的人类定居者。过往的船只同时带来了大量老鼠，它们疯狂地偷食地面巢穴中的鸟蛋，也在一定程度上加剧了渡渡鸟的灭绝。1681年，最后一只渡渡鸟被残忍地杀害。从此，地球上再也见不到渡渡鸟了，除非是在博物馆的标本室和画家的图画中。在渡渡鸟被人类发现后200年的时间内，终于彻底地消失了。

渡渡鸟的灭绝一开始并没有引起人们太多的关注，直到1865年，路易斯·卡罗的童话《爱丽丝梦游仙境》中提及了这种善良可爱而又命运悲惨的动物，随着这本书的畅销，渡渡鸟也被越来越多的人知晓。

• 生死之交卡尔瓦利亚树

渡渡鸟的死还牵连到一种名叫卡尔瓦利亚的热带树种。这种树的种子在果实里，只有以这种果实为食物的渡渡鸟吃进果实、排出种子，这些种子才能生根发芽。渡渡鸟灭绝后，再也没有谁能帮助卡尔瓦利亚树传宗接代了。到现在，这种树在毛里求斯只剩下几十棵，树龄高达几百年。

渡渡鸟的形象纪念

　　虽然渡渡鸟已经在地球上消失了，可是在毛里求斯岛上却到处可以"遇见"它，因为在国徽、钱币、纪念品、艺术品、广告和俱乐部的名牌上，都能看到它的形象。这些都在提醒人们，要热爱和保护濒临灭绝的野生动植物，不要让它们重演渡渡鸟的悲剧。此外，法国著名啤酒商 Brasseries de Bourbon 的产品标志印有渡渡鸟的形象，芬兰环保协会也以渡渡鸟的形象为协会标志。

大海雀的故事 〉

　　大海雀，是一种不大会飞的水鸟，曾广泛生活在大西洋的各个岛屿上。虽然是水鸟，但其外观与企鹅很像，也一度被人物误以为与企鹅存在亲缘关系。大海雀体长75~80厘米，体重5千克。头部两侧、颏、喉和翅膀黑褐色。大海雀全身以白黑两色为主，后背为黑色，胸部和腹部为白色，这种保护色使它们在海岸岩石上不易被发现。大海雀脚趾为黑色，脚趾间的蹼为棕色。喙为黑色并有白色横向纹槽，适于捕食鱼类。每只眼睛和喙之间有一小块白色的羽毛。眼睛的虹膜呈红褐色。大海雀体形粗壮，但由于它的双翼已经退化，因此只能在水面上滑翔。当它潜入水中后，会继续挥动双翼，起着强劲的推动作用。

• 大海雀的生活习性

大海雀为水生鸟，可以使用翅膀在水下游泳。通过对芬克岛上残留的大海雀的骨骼研究，和依据其形态而进行的生物学推断，它们的食物可能主要为12厘米至20厘米的鱼，但偶尔也捕食较大的鱼，有的甚至超过自身体长的一半，其中大西洋鲱鱼和柳叶鱼可能会尤为被大海雀所喜爱。除繁殖季节外，大海雀很少在陆地上生活，它们喜欢集体活动，常常成百上千只聚集在一起，在海面上漂浮或潜入海中捕食小鱼小虾等。在陆地上，大海雀行走较为缓慢，在一些起伏的地面上，有时也要用翅膀帮忙。大海雀天敌很少，主要是大型的海洋哺乳动物和一些猛禽，而且它们天生不怕人类。

• 大海雀的繁殖

大海雀奉行"一夫一妻"制，夫妻恩爱。它们把巢搭在岸上。巢异常简陋，双方随便叼几根草扔在一起就是了。由此看得出他们不注重生活品位，不在乎"房产"。但是它们之间的感情很深。在一个多月的孵卵期，双方轮流工作，交替觅食，共同保持卵的温度。没有计划生育的情况下，大海雀一次也只生一枚蛋，蛋上还有漂亮精致的花纹，所以大海对它们爱护备至。大海雀上岸是为了生命的传承，但也正是因为上岸才使人类有了扑杀它们的突破口。

• 大海雀的进化

海鸦和刀嘴海雀或许是现存的、与大海雀关系最近的亲戚，但它们之间却存在着巨大差异。海鸦有一对很长的翅膀，很显然，它是一只具备飞行能力的鸟。但是，大海雀的翅膀非常短，它们不可能依靠这样的翅膀飞上天空。不过，大海雀与海鸦的相似之处并非表现在空中，而是在水下。在生物学家看来，海鸦和大海雀称得上是海洋生物中的佼佼者。在进化中，这些鸟所付出的一切可以说是巨大的牺牲。为了适应环境，成为潜水高手，它们放弃了自己的飞行能力。大海雀很可能是曾在北半球生存的、技术最高超的潜水动物之一。这的确是演化史上的一个惊人转变。这一转变让大海雀成为了一种杀伤力极强的水下猎手。它们一年中有 10 个月都待在海面上，捕食细鳞胡瓜鱼和其他鱼类。但是，由于放弃飞行而成为水下猎手的大海雀，却也因此而有了一个致命的弱点。在陆地上，这种鸟行动笨拙，任何掠食动物的靠近都会让它们受到威胁；所以，它们的生存之道就是尽量远离天敌，但这并不容易。

• 大海雀的灭绝

大海雀灭绝的最主要原因即人类的屠杀。在斯堪的纳维亚半岛和北美东部地区，宰杀大海雀的记录可追溯至旧石器时代，在加拿大的拉布拉多地区，宰杀大海雀的记录则可追溯至公元 5 世纪。此外，在纽芬兰岛一处公元前 2000 年墓穴的陪葬品中，也曾发现一件由 200 只大海雀皮毛制作成的衣服。尽管如此，在公元 8 世纪之前，人类对大海雀的宰杀对其整个物种的生存而言，并不构成很大的威胁。

15 世纪开始的小冰期对大海雀的生存产生了一定的威胁，但大海雀最终灭绝还是由于人类肆意捕杀和对其栖息地大面积开发所致，大海雀和大海雀蛋的标本也成为价值昂贵的收藏品。1844 年 7 月 3 日，在冰岛附近的火岛上，最后一对大海雀在孵蛋期间被杀死。虽然后来有人声称 1852 年在纽芬兰岛上又曾发现大海雀，但并未得到证实。至今约有总计 75 枚大海雀皮毛和 75 枚的大海雀蛋被存放在各地的博物馆中，另有上千根大海雀的骨骼存世，但仅有寥寥数具完整骨架。

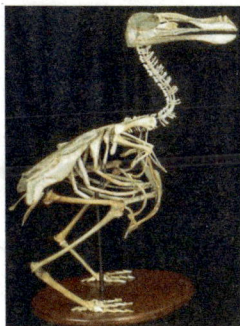

95

台湾云豹 >

台湾云豹，属于台湾特有亚种的猫科动物，也是台湾岛上最大型的野生动物之一。云豹全身淡灰褐色，身体两侧约有6个云状的暗色斑纹，这也是它之所以叫云豹的原因。而身体两侧的深色的云纹正是很好的伪装。因此，它们在丛林里生活，很不容易被人发现。1972年，由于人类的过度捕杀与栖息地被破坏，台湾云豹灭绝了。

台湾云豹一般身长60~100厘米，尾长50~90厘米，与豹尾长度相差无几；重量16~23公斤。全身黄褐色，额头至肩部有数条黑色纵带，颈侧及体侧具有大块云黑斑。身上斑点每只各异，颈部斑点细长，腹部两侧大斑向后，围轮廓深厚而向前者淡细，中间部面积大，并杂以棕黄及少许黑毛，远望如朵云故名云豹。四腿处斑点往下逐渐缩小，尾部上下均有斑点。

台湾云豹是肉食性动物，会捕食树上的猴子、松鼠及鸟类等中小动物，亦会潜伏于树上，鹿等猎物自下面经过时飞扑而下咬其颈部致死而食。由于它的攀附技术非同寻常，常以一种优雅又惊险的动作捕食动物，比如它能以后腿攀住树木像荡秋千般摇晃，偷袭由地面走的鹿和野猪。它的手爪宽厚、有力，拍打猎物异常管用，而犬齿特别长，用来撕碎食物。

台湾云豹在1940年以前尚有几千只，但由于其皮毛美观大方，毛质柔软并富有光泽，是制作皮衣的上等原料，而云豹的骨头也被人当作中药材，因此遭到了灭顶之灾，被大量捕杀。而此时正是台湾现代工业社会迅猛发展的时期，森林被大量砍伐，云豹失去了家园，终日食不果腹，很多是被饿死的。大量捕杀再加之缺少食物等原因，台湾云豹的数量越来越

少了。尽管台湾地区政府在很早以前就对云豹加以保护，但仍有一些利欲熏心的不法分子屡屡盗捕云豹。到了20世纪60年代后期，有专家统计台湾野生云豹不足10只了。即便如此，不法分子仍继续捕杀云豹。1972年最后一只台湾云豹倒在了黑洞洞的枪口之下。遗憾的是，从此人们只能在图片中欣赏美丽的台湾云豹了。

丛林之王——东北虎 ❯

东北虎主要分布于中国的东北地区、西伯利亚和朝鲜北部，是现存体形最大和战斗力最强的猫科动物。东北虎体色夏毛棕黄色，冬毛淡黄色。背部和体侧具有多条横列黑色窄条纹，通常2条靠近呈柳叶状。头大而圆，前额上的数条黑色横纹，中间常被串通，极似"王"字，故有"丛林之王"和"万兽之王"之美称。

东北虎耳短圆，背面黑色，中央带有1块白斑。栖居于森林、灌木和野草丛生的地带。独居，无定所，具领域行为，夜行性。感官敏锐，性凶猛，行动迅捷，善游泳，善爬树。捕食野鹿、羊、野猪等大中型哺乳动物，也食小型哺乳动物和鸟。由于其栖息地和生态环境的破坏和偷猎者的捕杀，据统计目前野生的东北虎仅有500只。

• 东北虎的生存环境

东北虎一般住在500~1200米的山地针叶林或针阔混交林地带，主要靠捕捉野猪、马鹿和狍子等为生。它白天常在树林里睡大觉，喜欢在傍晚或黎明前外出觅食，活动范围可达100平方千米以上。常言道："谈虎色变""望虎生畏"，在人们心目中，老虎一直是危险而凶狠的动物，是最强大的猫科动物，也是当今世界战斗力首屈一指的食肉动物。然而，在正常情况下东北虎一般不轻易伤害人畜，除非饿到极点或感觉到威胁，相反它们是捕捉破坏森林的野猪、狍子的神猎手，而且还是恶狼的死对头。为了争夺食物，东北虎总是把恶狼赶出自己的活动地带。

• 东北虎的生长繁殖

东北虎一年大部分时间都是四处游荡，独来独往，没有固定住所。只是到了每年冬末春初的发情期雄虎才筑巢，迎接雌虎。不久，雄虎多半不辞而别，产崽、哺乳、养育的任务将由雌虎承担。

雌虎怀孕期约3个月，多在春夏之交或夏季产崽，每胎产2~4崽。雌虎生育之后，性情特别凶猛、机警。它出去觅食时，总是小心谨慎地先把虎崽藏好，防止被人发现。回窝时往往不走原路，而是沿着山岩溜回来，不留一点痕迹。虎崽稍大一点，母虎外出时将它们带在身边，教它们捕猎本领。一两年后，小虎就能独立活动。东北虎的寿命一般为28年左右。

• 东北虎濒危原因

东北虎的经济价值极高，传统看法认为虎的肉和内脏可入药治疗多种慢性疾病，一只成年虎的价值相当于30多张黑貂皮，也因为这样，东北虎遭到无情的捕杀。滥伐森林、乱捕乱杀野生动物，严重地破坏生态平衡，也是造成东北虎濒临灭绝的另一个重要的间接原因。我们知道，森林是虎的生存环境，在这个环境中也包含着虎的猎食对象——野猪、鹿等。近年来由于偷猎者甚多，致使虎的捕食动物也大为减少，因此，维持野猪、鹿等有蹄动物与虎之间的生态平衡是很重要的。据考查，在一只东北虎的领地内，应当有不少于150~160只野猪和180~190只鹿。缩小了生活区域，削减了食物来源，东北虎无可避免面对濒临灭绝的命运。

> **青龙、白虎、朱雀、玄武**

　　我国古代把天空里的恒星划分成为"三垣"和"四象"七大星区。所谓的"垣"就是"城墙"的意思。"三垣"是"紫微垣"，象征皇宫，"太微垣"象征行政机构，"天市垣"象征繁华街市。这三垣环绕着北极星呈三角状排列。在"三垣"外围分布着"四象"："东苍龙、西白虎、南朱雀、北玄武"，也就是说，东方的星象如一条龙，西方的星象如一只虎，南方的星象如一只大鸟，北方的星象如龟和蛇。青龙、白虎、朱雀、玄武，统称"四灵"或"四大神兽"。战国时期吴起的兵法中有"左青龙，右白虎，前朱雀，后玄武，招摇在上，从事在下"的描写，把古代军队战阵的威仪写得有声有色。

海洋中的金丝雀——白鲸 〉

　　白鲸是一种生活于北极地区海域的鲸类动物，通体雪白，生性温和，现存数量约10万头，十分珍稀。成年白鲸体长约3.5~5米大小，体重约0.4~1.5吨。幼鲸体长约1.5~1.6米。体重约80千克。白鲸的头部较小，额头向外隆起突出而且圆滑，嘴喙很短，唇线却很宽阔；身体颜色非常淡，为独特的白色。游动时通常比较缓慢。白鲸大致呈环北极区分布，主要集中于北纬50度至80度之间。

• 白鲸的外形特征

　　白鲸的身体中央横断面大致呈圆形，往两端逐渐变细，当它们觅食时，其躯干尤其显得肥胖圆润。白鲸的头部与其他鲸目动物大不相同，额隆极为鼓起而突出，曾有一学者形容为"充满温暖油脂的气球"。白鲸可以自由改变额隆的形状，推测可能是借着移动内部气窦的空气来产生形状上的变化。因为它们的颈椎愈合程度比其他鲸目动物来得低，所以能以较大的幅度转动头部或点头。嘴短而宽，不像许多鲸一般有突出的嘴喙，嘴部可产生皱摺。腹部与侧面凹凸不平，内部充满脂肪。不具背鳍，但在背鳍的位置有狭窄的背部隆起。胸鳍宽阔，大型雄鲸的胸鳍尖端上翘。尾鳍会随年龄增长而变得华美，成年雄鲸在后缘有明显如凸面镜般的凸起。上、下颚各有8~9颗似钉状的牙齿，但年老个体有时会磨损至隐没于牙根之下。年轻白鲸浑身呈灰色，随着年龄增长而逐渐转淡，最终除了背脊与胸、尾鳍边缘有暗色沉积外，全身皆为白色。成鲸的白色皮肤有时会在夏季发情时带有淡黄色色调，但在蜕皮后即消失。

• 白鲸的生活习性

　　白鲸具有高度群居性，会形成个体间联系极为紧密的群体，通常由同一性别与年龄层的白鲸所组成，另外也有规模较小的母子白鲸族群。没有猎人或天敌威胁时，在河口三角洲水域白鲸可聚集达数千头以上。白鲸能发出多种变化多端的声音，包括旋转的颤音、嘎嘎叫、似钟声、尖锐的啪啪声（可能由拍击颚部所产生）、与近似推动生锈门板的声音。它们的声音有时会让人误以为远方有一群小孩在叫嚣。对野生白鲸而言，最大的天敌是虎鲸与北极熊，也包括人类。北极熊会快速地跑到白鲸受困于冰层的地区，以其强力的前掌给予重击后再把它们拖到冰上食用。白鲸是相当好奇的动物，常会浮窥与鲸尾击浪，但似乎从不跃身击浪。充满雾气的喷气低矮而不明显。白鲸的食性随地区与季节性猎物的数量而有不同。检测各地区族群的胃内存物发现，白鲸会食用各种生物，包括鱼类、头足类，甲壳类，不过他可不像虎鲸那么凶残。它们几乎都在海床附近觅食，深度至少达 300 米以上。

• 白鲸的生存现状

　　自从 17 世纪以来，由于捕鲸的高额利润，捕鲸者对白鲸进行了疯狂的捕杀，致使白鲸数量锐减。更加可悲的是白鲸的生态环境遭到毁灭性的破坏，一批批白鲸相继死亡。科学家们经过尸体解剖才找到了引起死亡的因素：由于受到一系列有毒物质的侵害，使其免疫系统遭到严重的破坏，这些白鲸患上了胃溃疡穿孔、肝炎、肺脓肿等疾病；更有甚者患了膀胱癌，这在鲸类动物中真是闻所未闻的。

　　虽然现今北极地区仍有 10 万头以上的白鲸，但过去它们的数量比现在要多得更多。今日数量最多的地方包括波福海，约 4 万头；加拿大东部的高纬地区，约 2.8 万头；哈德逊湾西部，约 2.5 万头；白令海东部。上述 4 个地区虽然仍有当地居民的捕猎，但其数量大致仍保持稳定。相较之下，其他族群已面临危险且仍遭猎杀。生活于圣劳伦斯河的白鲸族群体内有高污染物的积累，罹癌率也高。部分过去为重要白鲸集散地的河口三角洲，现今为乘快艇的猎人所占据，已不再能支持大族群的分布。为了白鲸的保护，大多数地区都已有严格的捕猎管制。

精灵的狐猴 〉

狐猴，生活在马达加斯加东部地区，它们是拥有回声定位能力的哺乳动物。非洲的马达加斯加是狐猴最后的避难所，除了这座岛屿，这种长有一双美丽大眼睛的灵长类动物已经在地球上的其他地方消失了。狐猴是灵长目原猴亚目狐猴科的通称。体形差异很大，外形与鼠、猫、狐和猴都有相似处。体长13~60厘米；体重60~3000克；尾长17~60厘米，相当于或超过体长，尾毛密而长，多呈扫帚状；眼大；被毛浓密，且具鲜明的颜色；大型种类的吻部延长，形似狐嘴；外耳壳半圆形，或被毛浓密；后肢长于前肢，指、趾具扁指甲，较小的种类第二脚趾上是带沟槽而弯曲的爪；有36个牙齿，只有鼬狐猴为32个牙齿，缺上门齿。

作为灵长类动物中最古老的成员之一，狐猴保持了其最原始的特性，它们比自己的近亲猴子出现得还要早。狐猴是真正从史前幸存下来的动物。在恐龙时代后期，这种灵长类动物就生活在世界上了。那时候，狐猴几乎统治了所有的亚热带森林。随着时间的迁移，沧桑的巨变，狐猴差不多已从地球上完全消失，目前只有在马达加斯加人迹罕至的山野丛林中才能找到它的踪影。

狐猴处于进化中较原始的阶段，因此它们的外貌也很奇特。例如鼠狐猴，它的行动出奇的缓慢而谨慎，耳朵巨大，眼睛也非常大，占据了半张脸的长度，目光坚定而敏锐。鼻腔也大得出奇。这无

疑是一个令人难忘的形象。这种外形尽管令人心生恐惧，但充分表现出狐猴获取信息的器官已经具备超凡的功能。鼠狐猴夜行的习惯刺激了视网膜色素层的发育，这是一种位于视网膜后面的反射层，使狐猴的视力增加一倍。与此同时，能够捕捉超声波的听觉器官等也较为发达。因为拥有异乎寻常的感知能力，鼠狐猴在静止不动的状态下，能在一瞬间突然伸出两只前爪，抓住空中飞过的蛾子。

有一种狐猴最为引人注目，它叫指猴，目前只分布在马达加斯加岛北部地区。指猴的体积像一只猫，喜欢独居和夜行，具有类似于啮齿动物的4颗切牙。实际上，人们在发现指猴以后，就习惯于将它和动物园里的松鼠关在一起。它的外表就像一只熬了夜的老鼠。指猴一个明显的特征就是它的中指与其他手指不同，细而长，就像是小儿麻痹的后遗症，这是进化中适应环境的需要。指猴借助这一工具，

可深入树干中的小洞穴，找到凭敏锐的听觉和嗅觉发现的昆虫幼虫，填饱肚子。指猴毛发粗硬，颜色介于深褐色和红色之间，环绕着泛白的脸庞，眼睛呈现出紫色，目光时而坚定时而迷离。当地土著人迎面撞上指猴时，总会被它的目光吓到。正因为如此，性情温和、习惯夜行的指猴成为恐怖传说的主角，并逐渐变成了反面角色。当地人甚至流传一种说法，即被指猴细长的中指点到的一切生物都会马上死亡，因而它成为人们追捕的对象。加之人类的乱砍滥伐破坏了它的生存环境，指猴已经成为地球上濒危物种中情况最严峻的动物之一。

• 狐猴的起源

长期以来，狐猴这一神秘生物的进化一直是个未解之谜。它们所栖息的岛屿——马达加斯加大约在1.45亿年前便与非洲大陆分开了，而这一年代远远早于有胎盘哺乳动物的起源时间。因此狐猴的祖先一定是在后来才出现在马达加斯加岛上的，但是如何准确计算狐猴的登陆时间是一个非常棘手的问题。其中部分原因是，DNA分析和化石分析得出了不同的结论。科学家将狐猴DNA变异的累积情况与它们在大陆的最近的亲戚如懒猴和丛猴对比，分析认为这些动物最近的共同祖先生活在6000至6500万年前。但化石证据却显示狐猴是约2000万年前才进化出来的。不过，灵长动物特别是狐猴的化石记录是出了名的不连续，所以研究者疑心只是还没有发现恰当的化石，才使狐猴的历史看上去很短。

• 狐猴的生存现状

狐猴能够生存下来，要归功于它们在马达加斯加岛和附近岛屿上与世隔绝的生活环境，缺乏危险的敌人使它们得以繁衍生息。然而200年的殖民统治，打乱了整个进化轨迹。那是狐猴有史以来遇到的最大威胁。其中乱砍滥伐是导致狐猴生存危机的最主要原因，狐猴赖以生存的空间已经减少了90%。狐猴是排在世界濒危动物名录第一位的野生动物，已经被认为是最大的濒危种群之一。

尽管狐猴的生存状况日益严峻，并具有重要的科研价值，但狐猴仍然是最不为人类所了解的动物之一。人们对狐猴的了解甚少，甚至无法确定现存的狐猴究竟有几种。保护狐猴的方法很简单，也很难做到，那就是教育居住在当地的土著人，给他们足够的经济援助，使他们摆脱落后的状态，以此来保护当地的自然资源。值得说明的是，从进化史的角度来看这是一个使我们更接近祖先的动物种群。

山地大猩猩 >

山地大猩猩是一种濒临灭绝的珍稀动物,目前全球不到700只,分布于非洲维龙加山脉。那里为这种"温和的巨人"提供了良好的生活环境和丰富的食物来源,使这种在别处已不多见的动物能在这里繁衍生息。山地大猩猩由于它粗鲁的面孔和巨大的身材看起来十分吓人。但实际上,它们是非常平和的草食性动物。

• 山地大猩猩的体貌特征

山地大猩猩的毛较其他大猩猩长且黑,故它们可以生活在高海拔及较冷的地方。它们较多生活在陆地上。山地大猩猩双脚较似人类的脚。学者可以从鼻子来分辨个别的山地大猩猩,故此从鼻子的相片及描绘来进行监测。山地大猩猩是高度两性异形的,雄性可以比雌性重两倍。成年雄性的头颅骨有更大的矢状嵴及枕骨嵴,故头颅骨更接近圆锥体。这些嵴连接强壮的颚骨肌肉。成年雌性亦有这些嵴,但却没有雄性的那么显著。雄性在达至性成熟时,背部会长出一束灰色或银色的毛。背部的毛比身体其他的毛较短,手臂上的毛亦特别的长。雄性站立时可达1.5~1.8米,双手伸展达2.25米,重204~227千克。山地大猩猩主要是陆地及四足的动物。它们会攀上树上掷水果,可以双足行走达6米。它像其他大猩猩般,双手较双脚长。它们是指背行走的,以手指背(而非手掌)来支撑身体。所有的山地大猩猩都为B型血。

• 山地大猩猩的生活习性

山地大猩猩栖息在维龙加山脉的艾伯丁裂谷山地森林,分布在海拔2225~4267米。山地大猩猩是白天活动的动物,约在每天上午6时至下午6时。

由于需要大量的食物，它们大部分时间都是在吃东西。它们在早上吃东西，接近中午时则休息，下午会再吃东西，晚上则会休息。每一只山地大猩猩每晚都会在睡觉的地方筑巢，只有幼猩猩会与母亲同睡。除非当日非常的冷或阴暗，否则在日出时它们会离开睡觉的巢。

山地大猩猩主要是草食性的，包括142种植物的树叶、树枝及树干，占总食物的85.8%。它亦吃树皮（占6.9%）、树根（占3.3%）、花（2.3%）及生果（1.7%），也会吃细小的无脊椎动物（0.1%）。成年雄性每日可以吃34千克的植物，而雌性则可以吃18千克。

多1年。3岁以下的山地大猩猩属于猩猩婴儿，而3~6岁的则为幼猩猩，6~8岁则为亚成体。8岁以下的雄性山地大猩猩并未达至性成熟，背部的毛仍然是黑色的。达至性成熟时，它们会长出大的犬齿及背部的银毛。雌性在7~8岁会排卵，在10~12岁会产下第一胎。雄性一般在15岁前不会进行交配。

• 山地大猩猩的繁育后代

新生的山地大猩猩重约1.8千克。出生后头几个月猩猩婴儿须由母亲照顾，并会骑在母亲的背上。在最初的阶段，母猩猩差不多时刻都保护猩猩婴儿。猩猩婴儿在约4~5个月开始行走，4~6个月会自己吃植物。在8个月可以吃固体食物。到了3岁会断奶，但幼猩猩仍会待在母亲身边

• 山地大猩猩的族群构成

山地大猩猩生活在非洲中部很小的一块地区内，过着高度群居的生活，每群由一只被称为"银背"的成年雄性大猩猩领导。每一群里都有好几只雌猩猩和它们的孩子，"银背"带领大家寻找食物，并找地方让大家晚上休息，它们折弯树枝来搭窝睡觉。

"银背"用叫喊、捶胸这样的吓唬方式赶走其他雄性大猩猩。

山地大猩猩雄性与雌性关系紧密且稳定，雌性之间的关系则相对的疏离。它们并非以地域为分界，成年雄性会保护自己的族人而非疆界。在维龙加山脉的山地大猩猩中，领袖一般任期为 4~7 年。山地大猩猩的族群有 61% 是由一只成年雄性及一些雌性所组成，另外 36% 的有多于一只成年雄性。其他的则是孤立的雄性或全是雄性的族群。一个山地大猩猩的族群可由 5~30 只成员，一般会有 10 只。一个典型的族群会包括一只成年雄性领袖、一或两只幼猩猩作为哨兵、三至四只性成熟的雌性、另外还有几名猩猩婴儿。

大部分雄性及 60% 的雌性会离开它们的族群。雄性在 11 岁时会离开，过程会很缓慢。它们会渐渐地住在族群的边缘，直至完全离开。它们可能会独自行动或在全雄性的族群中生活 2~5 年，直至它们能吸引其他雌性成立一个新的族群。雌性一般会在 8 岁时离开，会直接加入另一个族群，或会与独立的雄性成立新的族群。雌性很多时会转换族群几次，直至能与某一雄性定居。

• 山地大猩猩的生存现状

1902 年，军官罗伯特·波里吉在确立德属东非的边界时开枪射击了两头山地大猩猩，其中一头康复后被送往柏林的动物学博物馆。后来发现这是大猩猩的新物种，于是以"波里吉"来命名山地大猩猩的学名。1925 年，设立维龙加国家公园保护维龙加山脉的山地大猩猩。

研究发现，自 1989 年以来，山地大猩猩的数量上升了 17%，维龙加山脉的 30 个社群共有 380 头山地大猩猩，而布温迪森林的则约有 320 头。尽管如此，山地大猩猩在世界自然保护联盟濒危物种红色名录中仍是处于极危情况。由于失去栖息地、捕猎、疾病及人类战争，它们正面临灭绝的高度危险。

● 行动起来

保护生物多样性措施 ﹥

1. 就地保护：为了保护生物多样性，把包含保护对象在内的一定面积的陆地或水体划分出来，进行保护和管理。比如，建立自然保护区实行就地保护。自然保护区是有代表性的自然系统、珍稀濒危野生动植物种的天然分布区，包括自然遗迹、陆地、陆地水体、海域等不同类型的生态系统。自然保护区还具备科学研究、科普宣传、生态旅游的重要功能。

2. 迁地保护：迁地保护是在生物多样性分布的异地，通过建立动物园、植物园、树木园、野生动物园、种子库、基因库、水族馆等不同形式的保护设施，对那些比较珍贵的物种、具有观赏价值的物种或其基因实施由人工辅助的保护。迁地保护目的只是使即将灭绝的物种找到一个暂时生存的空间，待其元气得到恢复、具备自然生存能力的时候，还是要让被保护者重新回到生态系统中。

3. 建立基因库：目前，人们已经开始建立基因库，来实现保存物种的愿望。比如，为了保护作物的栽培种及其会灭绝的野生亲缘种，建立全球性的基因库网。现在大多数基因库贮藏着谷类、薯类和豆类等主要农作物的种子。

4. 构建法律体系：人们还必须运用法律手段，完善相关法律制度，来保护生物多样性。比如，加强对外来物种引入的评估和审批，实现统一监督管理。建立基金制度，保证国家专门拨款，争取个人、社会和国际组织的捐款和援助，为实践工作的开展提供强有力的经济支持等。

111

● 有关生物多样性保护的国际协定和法律

《生物多样性公约》 〉

　　《生物多样性公约》是一项有法律约束力的公约，旨在保护濒临灭绝的植物和动物，最大限度地保护地球上的多种多样的生物资源，以造福于当代和子孙后代。公约规定，发达国家将以赠送或转让的方式向发展中国家提供新的补充资金以补偿它们为保护生物资源而日益增加的费用，应以更实惠的方式向发展中国家转让技术，从而为保护世界上的生物资源提供便利；签约国应为本国境内的植物和野生动物编目造册，制定计划保护濒危的动植物；建立金融机构以帮助发展中国家实施清点和保护动植物的计划；使用另一个国家自然资源的国家要与那个国家分享研究成果、盈利和技术。截至2004年2月，该公约的签字国有188个。

《濒危野生动植物种国际贸易公约》

BIN WEI DONG WU DE AI MING

《濒危野生动植物物种国际贸易公约》的目的主要是通过对野生动植物出口与进口限制，确保野生动物与植物的国际交易行为不会危害到物种本身的延续。由于这份公约是在美国的华盛顿市签署的，因此又常被简单称呼为《华盛顿公约》。

第二次世界大战以后，世界范围内的野生动植物贸易不断发展，由于这种贸易的增长对野生动植物保护产生十分不利的影响，1963年国际自然和自然资源保护同盟就呼吁制定国际公约予以控制。1973年2月召开了关于缔结濒危野生动植物物种国际贸易公约的全权代表会议，并签订了《濒危野生动植物物种国际贸易公约》，公约共有25条，4个附录，于1975年7月1日生效。附录1列入了所有受到和可能受到贸易的影响而有灭绝危险的物种800种。这些物种标本的贸易必须加以特别严格的管理，以防止进一步危害其生存，并且只有在特殊情况下才能允许进行贸易（包括出口、进口、再出口和从海上引进）。一般应禁止贸易。附录2列入所有那些目前虽未濒临灭绝，但如对其贸易不严加管理以防止不利其生存，就可能变成有灭绝危险的物种，和为使这些物种中的某些物种标本的贸易得到有效控制，而必须加以管理的其他物种，共包括2.7万种。对此类物种的贸易应严加限制。附录3列入任一成员方认为属其管辖范围内，应进行管理以防止或限制开发利用，而需要其他成员国合作控制贸易的物种。这三类物种不断变化越来越多的物种被纳入第二类和第一类的范围。

《湿地公约》

　　湿地与森林、海洋并称全球三大生态系统，也是价值最高的生态系统。根据《湿地公约》的定义，湿地包括沼泽、泥炭地、湿草甸、湖泊、河流、滞蓄洪区、河口三角洲、滩涂、水库、池塘、水稻田以及低潮时水深浅于6米的海域地带等。湿地具有涵养水源、净化水质、调蓄洪水、控制土壤侵蚀、补充地下水、美化环境、调节气候、维持碳循环和保护海岸等极为重要的生态功能，是生物多样性的重要发源地之一，因此也被誉为"地球之肾"、"天然水库"和"天然物种库"。据联合国环境署2002年的权威研究数据显示，1公顷湿地生态系统每年创造的价值高达1.4万美元，是热带雨林的7倍，是农田生态系统的160倍。湿地还是许多珍稀野生动植物赖以生存的基础，对维护生态平衡、保护生物多样性具有特殊的意义。

多年来，全球湿地伴随着全球化进程的加快而不断遭到破坏。因此，保护湿地成为一个世界性的问题。1971年2月2日，来自18个国家的代表在伊朗南部海滨小城拉姆萨尔签署了一个旨在保护和合理利用全球湿地的公约——《关于特别是作为水禽栖息地的国际重要湿地公约》，简称《湿地公约》。该公约于1975年12月21日正式生效，目前，有158个缔约方。公约主张以湿地保护和"明智利用"为原则，在不损坏湿地生态系统的范围之内可持续利用湿地。

《中华人民共和国野生动物保护法》 >

1988年11月8日，酝酿多年的我国历史上第一部为保护野生动物而定立的法律——《中华人民共和国野生动物保护法》(以下简称野生动物保护法)获得第七届全国人大常委会第四次会议的一致通过。1989年3月1日，这部法律开始实施。该法的目的是保护和拯救珍贵、濒危野生动物，保护、发展和合理利用野生动物资源。该法规定野生动物资源属国家所有，公民有保护野生动物资源的义务；各级政府有责任管理野生动物资源，制定保护、发展和合理利用野生动物资源的规划和措施，并开展保护野生动物宣传月和爱鸟周活动，以提高公民保护意识。国家和地方政府分别制定国家和地方重点保护野生动物名录，保护野生动物及其生存环境，对珍惜、濒危物种给予重点保护。在野生动物主要栖息繁殖区域划定自然保护区，组织资源调查并建立资源档案，检测环境对野生动物的影响。在自然灾害威胁野生动物时要采取补救措施，政府补偿保护野生动物造成的损失。禁止猎捕、出售、收购国家重点保护的野生动物或其产品，因特殊情况或需要捕捉国家重点保护野生动物需申办特许猎捕证；驯养繁殖野生动物要持有驯养繁殖许可证，并凭证向政府制定收购单位出售。自然保护区、禁猎区和禁猎期内禁止捕猎野生动物和从事其他影响其栖息繁殖的活动。在法和条例中对奖励、惩罚和法律责任人作了详细规定。

有关生物多样性保护的国际组织 >

• 世界自然保护联盟

世界自然保护联盟，常简称为IUCN，是International Union for Conservation of Nature and Natural Resources的缩写，是目前世界上最大的、最重要的世界性保护联盟，是政府及非政府机构都能参与合作的少数几个国际组织之一，成立于1984年10月。致力于寻找"解决当前迫切环境与发展问题的实用解决方式"。该组织发布IUCN红色名录，根据严格的准则去评估数以千计物种及亚种的绝种风险而成的。根据物种及地区厘定，旨在向公众及决策者反映保护工作的迫切性，并协助国际社会避免物种灭绝，该名录是全球动植物物种保护现状最全面的名单。

世界自然保护联盟支持科学研究，并协调管理全球范围内政府、非政府组织、联合国机构、公司以及地方社群间各项合作计划，共同推行政策、法规和最佳的实际行动。IUCN是世界上历史最悠久、规模最大的全球环境保护系统——一个民主的会员制联盟，拥有超过1000个政府和NGO组织会员，以及来自160多个国家的超过1.1万名志愿科学家团队。IUCN在全球分布有超过60间办事处，超过1000名专业员工，并有来自公共领域、非政府组织以及私人部门的上百合作伙伴。联盟总部位于瑞士日内瓦附近的格兰德。

IUCN的愿景是展望"一个重视和保护自然的正义世界"，联盟的任务是"影响、鼓励和支持社会在世界范围内保持自然生物多样性的完整，保证自然资源利用方式的公正和生态上的可持续性"。

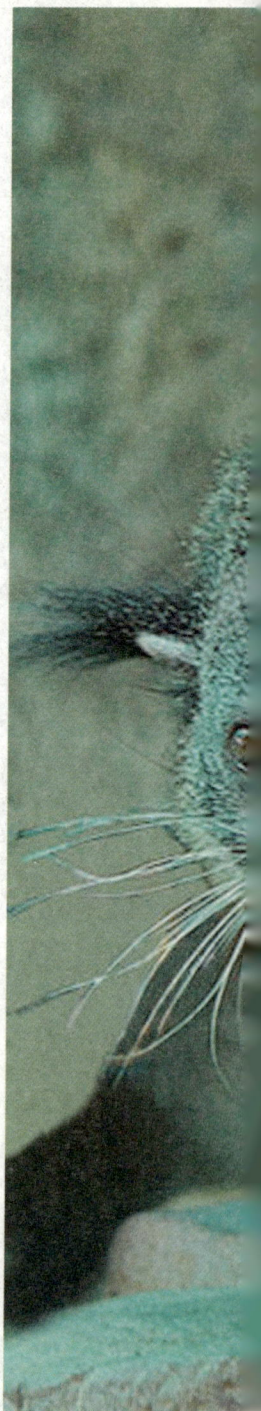

濒危动物的哀鸣

- 世界自然保护联盟濒危物种红色名录

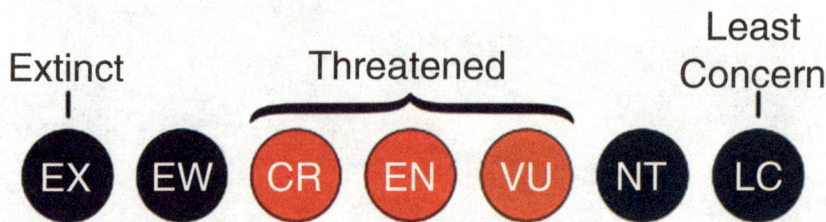

Extinct

Threatened

Least Concern

(EX) (EW) (CR) (EN) (VU) (NT) (LC)

　　由物种存续委员会（SSC）及几个物种评估机构合作编制，每年评估数以千计物种的绝种风险，将物种编入9个不同的保护级别：

- 灭绝（EX）
- 野外灭绝（EW）
- 极危（CR）
- 濒危（EN）
- 易危（VU）
- 近危（NT）
- 无危（LC）
- 数据缺乏（DD）
- 未评估（NE）

- 世界自然基金会

　　世界自然基金会（World Wide Fund For Nature，简称 WWF）是在全球享有盛誉的、最大的独立性非政府环境保护组织之一，自1961年在瑞士成立以来，世界自然基金会在六大洲的153个国家发起或完成了约1.2万个环保项目。目前世界自然基金会通过一个由27个国家级会员、21个项目办公室及5个附属会员组织组成的全球性的网络在北美洲、欧洲、亚太地区及非洲开展工作。

　　世界自然基金会在中国的工作始于1980年的大熊猫及其栖息地的保护，是第一个受中国政府邀请来华开展保护工作的国际非政府组织。1996年，世界自然

基金会正式成立北京办事处，此后陆续在全国 8 个城市建立了办公室。项目领域也由大熊猫保护扩大到物种保护、淡水和海洋生态系统保护与可持续利用、森林保护与可持续经营、可持续发展教育、气候变化与能源、野生物贸易、科学发展与国际政策等领域。世界自然基金会的使命是遏止地球自然环境的恶化，创造人类与自然和谐相处的美好未来。为此致力于保护世界生物多样性，确保可再生自然资源的可持续利用，推动降低污染和减少浪费性消费的行动。

• 零灭绝联盟

"零灭绝联盟"（Alliance for Zero Extinction）是由 13 个保护生物多样性的国际组织联合发起的，包括伦敦动物学会、保护国际、美国鸟类保护协会等。设立目的是为了确认并且保护物种生存的地点，进而挽救濒危物种。"零灭绝联盟"关注的地点都是世界自然保护联盟认定的濒危物种最后栖息地。

该组织将全球分为 7 大块，每一块都有不少的濒危动物"热点"地区。所谓"热点"的选择遵循三个原则——首先，这些地点一定要包含至少一个"濒临灭绝"或是"严重濒临灭绝"的物种；第二，这些地点在"濒临灭绝"或是"严重濒临灭绝"的动物生存中占有不可替代的位置，比如有一定数量的物种生活于此地，或者在这里度过哺乳期或是冬眠期；最后，这些地带都是相对于周边地区具有独立性的地方，必须与周边的地带有可定义的界限。界限之内的各个生物种群生活环境相近，而与周边地带的物种不甚相同。

濒危动物的哀鸣

在"零灭绝联盟"列出的595个地点中，只有1/3受到法律保护，其他地方都被人类居住地环绕，而且人口密度是全球平均水平的3倍。该联盟认为保护这些地点才是保护动物不灭绝的关键。

• 保护国际

保护国际（Conservation International，简称CI）成立于1987年，是一个总部在美国华盛顿特区的国际性的非盈利环保组织，宗旨是保护地球上尚存的自然遗产和全球的生物多样性，并以此证明人类社会和自然是可以和谐相处的。保护国际通过科学技术、经济、政策影响和社区参与等多种方法保护热点地区的生物多样性。保护国际在全球4个大洲超过30个国家开展工作。

CI在全球生物多样性保护的需求最迫切的地区工作，包括生物多样性热点地区关键的海洋生态系统区，以及生物多样性丰富的荒野地区。其中热点地区以及海洋生态系统都是已经受到了严重的人为活动干扰的地区。荒野地区丰富的生物多样性基本上还没有受到破坏，其本土居民还可以保持他们传统的生活方式，这样的地区在世界上已经为数不多。

122

• 为什么要保护野生动物？

地球上的生物不可能单独生存，在一定环境条件下，它们是相互联系、共同生活的。有一种植物消失了，以这种植物为食的昆虫就会消失；某种昆虫没有了，捕食这种昆虫的鸟类将会饿死；鸟类的死亡又会对其他动物产生影响。所以，大规模野生动物毁灭会引起一系列连锁反应，产生严重后果。

生物学家指出，在自然状态下，物种灭绝的种数与新物种出现的种数基本上是平衡的。随着人口的增加和经济的发展，这种平衡已经受到破坏。从1600年到1996年，世界上消失了164种鸟；从1871年到1970年，兽类灭绝了43种。地球上自有生命以来，共出现过25亿种动植物，其中

有将近1/2是在最近3个世纪内消失的。物种平衡的破坏，使人类生存环境恶化，人类本身将遭到巨大灾难。

保护野生动物就是保护人类自己。由于环境的恶化，人类的乱捕滥猎，各种野生动物的生存正在面临着各种各样的威胁。近100年，物种灭绝的速度已超过了自然灭绝速度的100倍，现在每天都有100多种生物从地球上消失。我国也已经有10多种哺乳类动物灭绝，还有20多种珍稀动物面临灭绝。而它们的灭绝会导致许多可被用于制造新药的分子消失，还会导致许多有助于农作物战胜恶劣气候的基因消失，甚至引起新的瘟疫，由此所造成的损失是我们永远无法挽回的。

• 中国国家一级保护动物

　　蜂猴、熊猴、台湾猴、豚尾猴、叶猴、金丝猴、长臂猿、马来熊、大熊猫、紫貂、貂熊、熊狸、云豹、豹、虎、雪豹、儒艮、白鳍豚、中华白海豚、亚洲象、蒙古野驴、西藏野驴、野马、野骆驼、鼷鹿、黑麂、白唇鹿、坡鹿、梅花鹿、豚鹿、麋鹿、野牛、野牦牛、普氏原羚、藏羚羊、高鼻羚羊、扭角羚、台湾鬣羚、赤斑羚、塔尔羊、北山羊、河狸、短尾信天翁、白腹军舰鸟、白鹳、黑鹳、朱鹮、中华秋沙鸭、金雕、白肩雕、玉带海雕、白尾海雕、虎头海雕、拟兀鹫、胡兀鹫、细嘴松鸡、斑尾榛鸡、雉鹑、四川山鹧鸪、海南山鹧鸪、黑头角雉、红胸角雉、灰腹角雉、黄腹角雉、虹雉、褐马鸡、蓝鹇、黑颈长尾雉、白颈长尾雉、黑长尾雉、孔雀雉、绿孔雀、黑颈鹤、白头鹤、丹顶鹤、白鹤、赤颈鹤、鸨、遗鸥、四爪陆龟、鼋、鳄蜥、巨蜥、蟒、扬子鳄、新疆大头鱼、中华鲟、达氏鲟、白鲟、红珊瑚、库氏砗磲、鹦鹉螺、中华蛩蠊、金斑喙凤蝶、多鳃孔舌形虫、黄岛长吻虫。

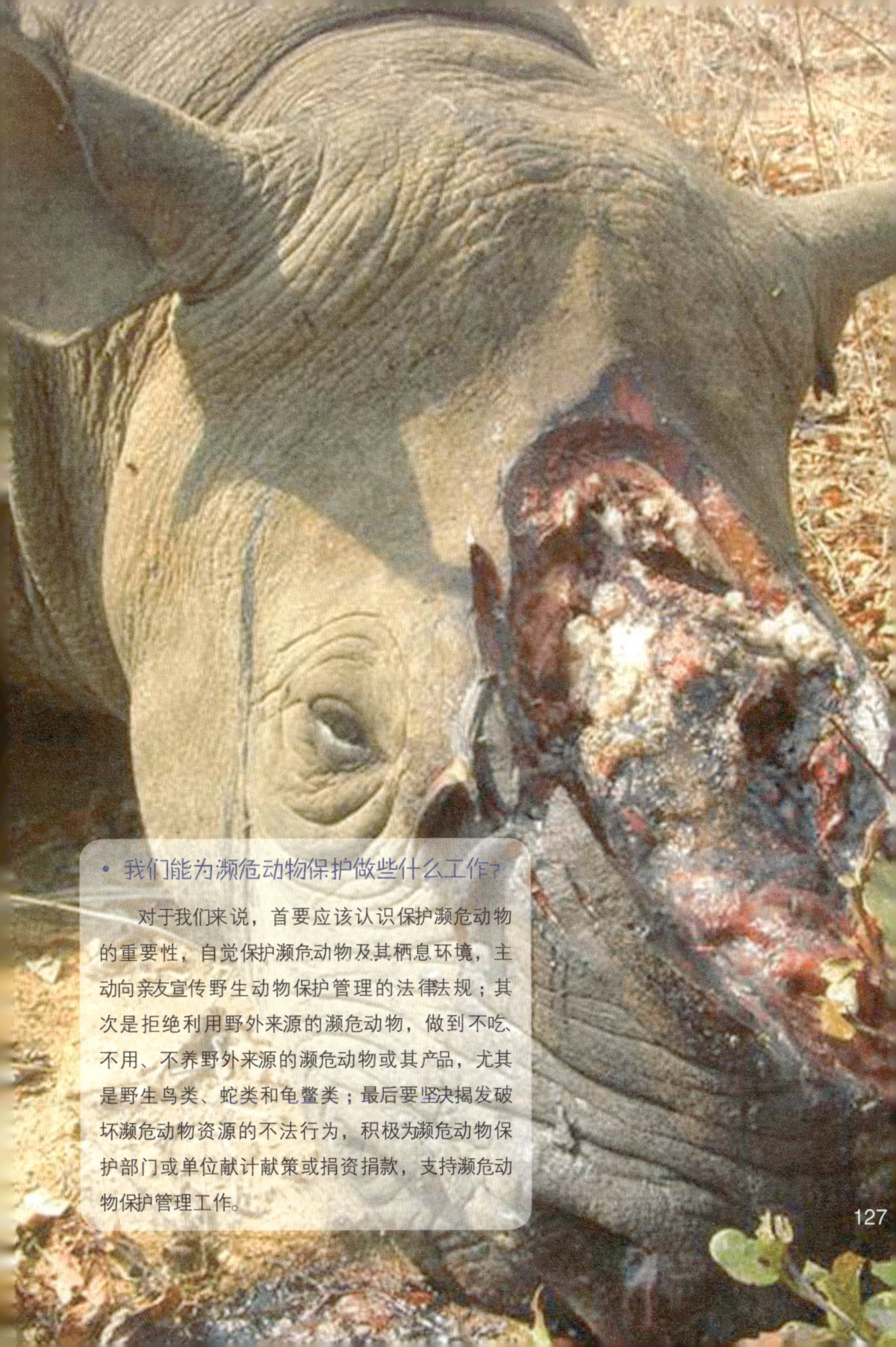

• 我们能为濒危动物保护做些什么工作?

　　对于我们来说，首要应该认识保护濒危动物的重要性，自觉保护濒危动物及其栖息环境，主动向亲友宣传野生动物保护管理的法律法规；其次是拒绝利用野外来源的濒危动物，做到不吃、不用、不养野外来源的濒危动物或其产品，尤其是野生鸟类、蛇类和龟鳖类；最后要坚决揭发破坏濒危动物资源的不法行为，积极为濒危动物保护部门或单位献计献策或捐资捐款，支持濒危动物保护管理工作。

127

图书在版编目（CIP）数据

濒危动物的哀鸣／于川编著．— 长春：北方妇女
儿童出版社，2015.12（2021.3重印）
（科学奥妙无穷）
ISBN 978 – 7 – 5385 – 9623 – 6

Ⅰ.①濒… Ⅱ.①于… Ⅲ.①濒危动物 – 青少年读物
Ⅳ.①Q111.7 – 49

中国版本图书馆 CIP 数据核字（2015）第 272897 号

濒危动物的哀鸣
BINWEI DONGWU DE AIMING

出 版 人　刘　刚
责任编辑　王天明　鲁　娜
开　　本　700mm×1000mm　1/16
印　　张　8
字　　数　160 千字
版　　次　2016 年 4 月第 1 版
印　　次　2021 年 3 月第 3 次印刷
印　　刷　汇昌印刷（天津）有限公司
出　　版　北方妇女儿童出版社
发　　行　北方妇女儿童出版社
地　　址　长春市人民大街 5788 号
电　　话　总编办：0431 – 81629600

定　　价：29.80 元